COMPENDIO DI **BIOLOGIA**

Preparazione ai test
di ammissione universitari

TESTBUSTERS
STUDENTI PER GLI STUDENTI

Compendio di Biologia
Preparazione ai test di ammissione universitari

Prima Edizione rivista

Via Marco Ulpio Traiano, 17, 20149 Milano MI, Italia
www.testbusters.it

ISBN: 9791280033598

Scrivere un libro è un'operazione complessa, tanto più per noi editori in erba. Ci scusiamo per tutti gli errori che doveste incontrare.

Per fare una segnalazione, inquadra il QR code e lasciaci un messaggio.

Grazie per la collaborazione

RICONOSCIMENTI

A cura di:
Vidal Yahya, Matilde Pavan, Francesca Galassi,
Luigi Narvaez

Hanno collaborato:
Eleonora Buratti, Marta Ciboldi, Bianca Boca, Chiara Coppola,
Sabrina Romeo, Giulia Volontè

Responsabile progetto:
Matteo Spezia, Gabriele Schiaffini, Federico Nolli, Rania Ibrahim,
Alessandro Andreello, Gianluca Citino e Davide Casartelli

Progetto grafico, illustrazioni e impaginazione:
Federica Cappellini, Ermina Guerra

Copertina:
Samantha Pietrovito

l' 

REBUS (1, 6)

INTRODUZIONE

Caro studente/studentessa alle prese con i test d'ingresso universitari. Ciò che hai tra le mani è una risorsa nata dal confronto, maturato negli anni, con colleghi Testbusters e, soprattutto, con corsisti di tutta Italia.

Infatti, ci siamo resi conto della necessità di un compendio volto ad accompagnarti, dal punto di vista teorico, in una fase "intermedia" della tua preparazione, cioè in quel delicato periodo interposto tra lo studio teorico approfondito di base e lo sprint finale prettamente pratico.
Questo compendio è fatto per offrirti, in modo più sintetico, tutti i concetti importanti, con un particolare focus su ciò che è fondamentale per il test e sui metodi di risoluzione dei quesiti.

Insomma, per ricordarti ciò su cui non puoi avere indecisioni al momento del test!

ISTRUZIONI PER L'USO

Sfogliando le pagine di questo compendio ti renderai conto che abbiamo mantenuto la stessa struttura dei nostri manuali teorici, con la stessa suddivisione in capitoli.
Prima di tutto, ci teniamo a sottolineare che questo testo è pensato per essere utilizzato in modo parallelo ai nostri manuali di teoria e non in sostituzione ad essi: mentre i libri contengono le spiegazioni approfondite dei concetti utili per il test, in questo compendio sono sintetizzate e schematizzate quelle informazioni fondamentali per un ripasso finale e per inglobare "nuovi" concetti in modo "retroattivo".

Nel momento in cui passerai alla parte pratica della tua preparazione, ti renderai conto che anche lo svolgimento degli esercizi è utile per ripassare argomenti già studiati e apprenderne di nuovi.
Anche in questa fase, noi Testbusters ti siamo vicini e, oltre alle correzioni commentate presenti nei nostri libri, ci auguriamo che questo compendio possa essere una risorsa fondamentale per questa modalità di studio.
Infatti, è totalmente schematico, pullulante di immagini e diagrammi inediti che possono aiutarti visivamente a memorizzare quei dettagli ostici che spesso possono mandare in confusione.
In aggiunta, troverai anche delle guide passo passo per risolvere alcune tipologie "standard" di esercizi frequenti. Il tutto accompagnato, come sempre, da mnemofrasi e trucchetti TB per affrontare qualsiasi tipo di esercizio!

Buon lavoro!
Testbusters

0. BIOMOLECOLE

Le biomolecole rappresentano i mattoncini più elementari costituenti gli esseri viventi e la loro comprensione è fondamentale per immergersi nel mondo della Biologia (non a caso è il capitolo "0"!). Comunemente, si identificano quattro classi di biomolecole: carboidrati, lipidi, proteine e acidi nucleici. L'intento di questa risorsa è quello di riportarvi, per ogni classe, le strutture più comuni (es. disaccaridi, fosfolipidi...) e le loro funzioni. Infine, confronteremo le biomolecole per avere una visione d'insieme più chiara.

0.1 CARBOIDRATI

L'unità elementare (monomero) dei carboidrati è definita monosaccaride. A seconda del numero di monomeri che vengono a formare la catena saccaridica, distinguiamo: monosaccaridi (1), disaccaridi (2), oligosaccaridi (3-10) e polisaccaridi (> 10).
Ai fini del test, vi illustriamo la composizione e le funzioni dei principali mono-, di- e polisaccaridi.

Monosaccaridi:

	Esosi	**Pentosi**
Aldosi	Glucosio, Galattosio	Ribosio, Desossiribosio
Chetosi	Fruttosio	Ribulosio

Disaccaridi:

Saccarosio	**Maltosio**	**Lattosio**
Glucosio + fruttosio	Glucosio + glucosio	Glucosio + galattosio
Legame α-1,2-glicosidico	Legame α-1,4-glicosidico	Legame β-1,4-glicosidico

Polisaccaridi:

	Glicogeno	Amido	Cellulosa
Composizione	Monomeri di glucosio (e glicogenina)	Monomeri di glucosio	Monomeri di glucosio
Legame	α-1,4-glicosidici e α-1,6-glicosidici	α-1,4-glicosidici e α-1,6-glicosidici	β-1,4-glicosidici
Cellula	Animale	Vegetale	Vegetale
Funzione	Riserva energetica	Riserva energetica	Strutturale

ESERCIZIO GUIDATO

Quale tra questi glucidi useresti per preparare una torta a basso indice glicemico?

A. Glicogeno
B. Glicogenina
C. Fruttosio
D. Maltosio
E. Saccarosio

Indice glicemico basso implica il dover utilizzare uno zucchero complesso. Le opzioni C, D ed E rientrano nella categoria degli zuccheri semplici. La risposta B è da escludere perché la glicogenina è in realtà una proteina che serve per la sintesi del glicogeno.
Risposta corretta A.

0.2 LIPIDI

I lipidi hanno una struttura più variabile rispetto ai carboidrati, infatti non si riconosce una vera e propria unità strutturale quanto piuttosto delle strutture fondamentali: trigliceride, fosfolipide e steroide. Nel complesso, i lipidi rivestono moltissime funzioni nella cellula:

- Energetica
- Strutturale
- Comunicazione intercellulare

MNEMOFRASE TB

vitamine **liposolubili**
DANKE (D, A, N, K, E)

TRIGLICERIDI

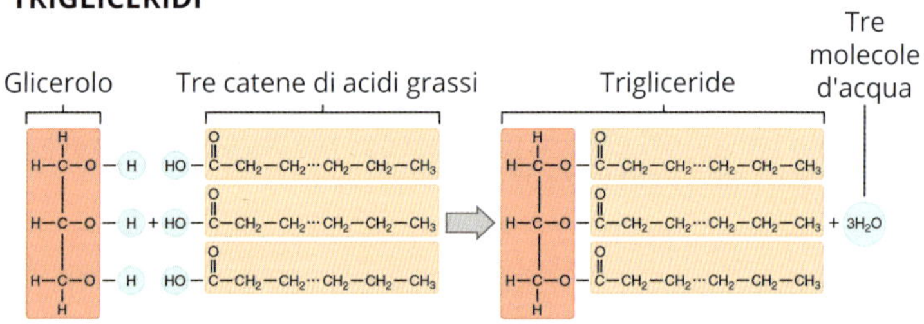

ATTENZIONE PER IL TEST

Oli: catene ricche di legami **insaturi**
(fluidi a temperatura ambiente)
Grassi: catene ricche di legami **saturi**
(solidi a temperatura ambiente)

FOSFOLIPIDI

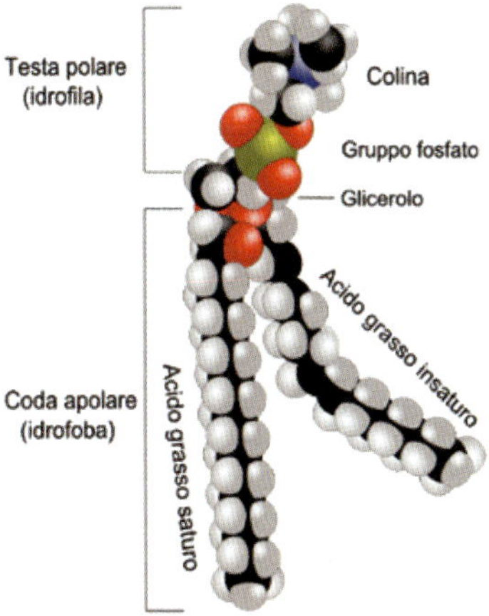

MNEMOFRASE TB

Testa **Pol**are Idro**fila**

Tieni i POLli in FILA

STEROIDI

Struttura di base (colesterolo):

- Tre anelli a sei atomi di carbonio
- Un anello a cinque atomi di carbonio

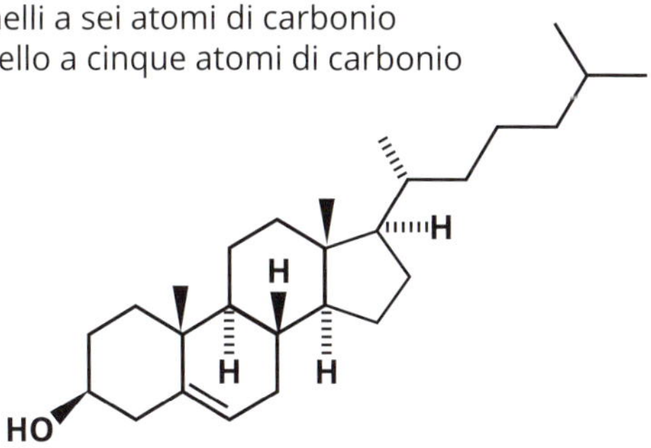

0.3 PROTEINE

Le proteine, come i carboidrati, sono caratterizzate dalla presenza di un'unità fondamentale: l'amminoacido. Gli amminoacidi si combinano mediante legami peptidici a formare i peptidi; un peptide di grandi dimensioni (>50 amminoacidi) e dotato di un ruolo più complesso viene definito "proteina". La funzione delle proteine dipende strehttamente dalla loro struttura, che a seconda del livello di complessità può essere I, II, III e IV.

FUNZIONI DELLE PROTEINE:

- Catalizzatori biologici (enzimi)
- Trasporto (carrier)
- Meccanica (muscolo)
- Difesa immunitaria (anticorpi)
- Messaggeri chimici (ormoni)
- Difesa immunitaria (anticorpi

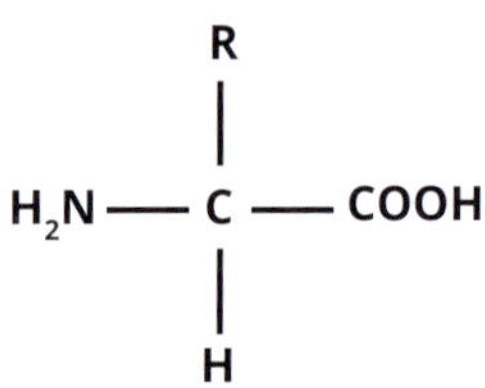

→ Carbonio centrale (α)
→ Gruppo amminico (NH_2)
→ Gruppo carbossilico (COOH)
→ Atomo di idrogeno (H)
→ Catena laterale (R)

	Struttura primaria	Struttura secondaria	Struttura terziaria	Struttura quaternaria
Struttura costituente	Catena amminoacidica	Regioni ad α-elica e β-foglietto	Forma globulare o filamentosa	Complessi multiproteici
Legam caratterizzanti	Legami peptidici	Legami a idrogeno	Legami covalenti, ionici, a idrogeno e idrofobici	Unione di due o più catene polipeptidiche

Gli **enzimi** dispongono di:

- **Sito attivo**: zona reattiva dell'enzima
- **Sito allosterico**: consente di regolare l'attività enzimatica
- **Cofattore**: molecola non proteica necessaria per fare avvenire la reazione

ATTENZIONE PER IL TEST !

Abbassano l'energia di attivazione
Aumentano la velocità di reazione
Non modificano la **costante di equilibrio**

0.4 ACIDI NUCLEICI

Gli acidi nucleici, DNA ed RNA, come i carboidrati e le proteine, hanno un'unità fondamentale, denominata nucleotide e composta sua volta da tre sottounità:

- Zucchero pentoso a 5C (ribosio o desossiribosio)
- Base azotata legata al C1 dello zucchero
- 1, 2 o 3 gruppi fosfato legati al C5 dello zucchero

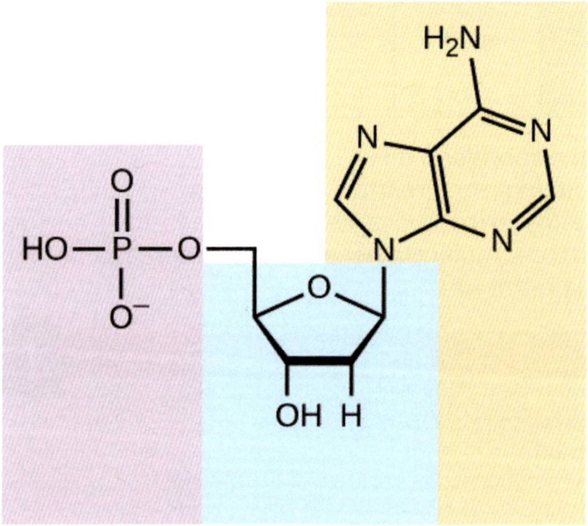

ATTENZIONE PER IL TEST

Il legame **fosfo-di-esterico** congiunge per mezzo di un gruppo fosfato i pentosi di due nucleotidi adiacenti (legami nelle posizioni C5 e C3 dei due zuccheri)

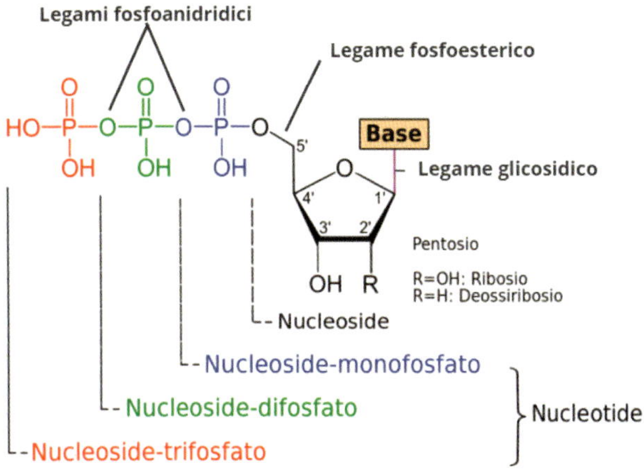

ATTENZIONE PER IL TEST

I **legami a idrogeno** uniscono la doppia elica di DNA a livello delle **basi azotate**

A = T
G ≡ C

	RNA	DNA
Filamento	Singolo	Doppio
Basi	Guanina, adenina, citosina, **uracile**	Guanina, adenina, citosina, **timina**
Zucchero pentoso	Ribosio	2' - Desossiribosio
Legami a idrogeno	Assenti	Tre basi complementari

0.5 RIASSUNTO

	Carboidrati	Lipidi	Proteine	Acidi nucleici
Unità di base	Monosaccaridi	Acidi grassi o anelli steroidei	Amminoacidi	Nucleotidi
Legami	Glicosidici	Variabili, spesso esterei	Peptidici	Fosfo(di) esterici, glicosidici, fosfoanidridici e idrogeno
Funzioni principali	Energetica, strutturale	Energetica, strutturale, segnale	Energetica, strutturale, segnale, catalitica	Informazione, sintesi proteica
Valore calorico	4 kcal/g	9 kcal/g	4 kcal/g	Non rilevante

ESERCIZIO GUIDATO

Quando si parla della struttura a "collana di perle" si fa riferimento a:
1. Grado di avvolgimento del DNA
2. Struttura delle proteine
3. Legami glicosidici tra carboidrati

A. Solo 3
B. Solo 3 e 4
C. Solo 1
D. Solo 1 e 2
E. Tutte

Il **DNA** si trova normalmente associato a delle proteine basiche (gli istoni) e risulta impacchettato in una struttura caratteristica chiamata cromatina.
Ai fini del test risulta utile ricordare i gradi di avvolgimento del DNA:

1. Molecola di DNA
2. Nucleosoma
3. **Collana di perle**
4. Fibra cromatinica
5. Cromosoma attivo
6. Cromosoma metafasico

Le **proteine** sono macromolecole costituite da amminoacidi e presentano la seguente organizzazione:

1. Struttura primaria: legami peptidici
2. Struttura secondaria: legami idrogeno (struttura alfa elica e foglietto beta)
3. Struttura terziaria: ponti disolfuro, ionici, idrogeno e idrofobici
4. Struttura quaternaria: tra 2 o più catene polipeptidiche (emoglobina)

La **struttura primaria** delle proteine viene anche detta "a collana di perle" proprio in virtù della sequenza di amminoacidi legati da legami peptidici

I **Carboidrati**, nello specifico i monosaccaridi, risultano legati da legami glicosidici dove l'ossigeno fa da "**ponte**" tra due molecole. Tuttavia, non è presente per i Carboidrati una struttura a collana di perle.
Risposta corretta D.

1. CITOLOGIA

La cellula è l'unità elementare dell'essere vivente, proprio per questo motivo la trattiamo subito dopo aver affrontato "i mattoncini" di cui essa si compone: le biomolecole. Ai fini del test è bene tenere a mente le differenze tra procarioti ed eucarioti; e, all'interno di questi ultimi, tra la cellula animale e la cellula vegetale. Dopo aver compreso la differenza tra procarioti ed eucarioti e aver affrontato le parti comuni (membrana), ci concentreremo sugli organelli cellulari, caratterizzanti la cellula eucariotica.

1.1 CLASSIFICAZIONE DEGLI ESSERI VIVENTI

Domini:

- Bacteria
  - Eubatteri
- Archaea
  - Archeobatteri
- Eukarya
  - Protisti
  - Funghi
  - Piante
  - Animali

Classificabili in:

- Eterotrofi: hanno bisogno di assumere le sostanze organiche da altri organismi;
- Autotrofi: in grado di organicare le sostanze inorganiche come la CO_2

	Procarioti	**Eucarioti**
Dimensioni	0,2 - 2 μm	5 - 50 μm
Involucro nucleare	-	✓
Parete cellulare	✓	✓ /-
Organelli delimitati da membrana	-	✓
Vacuoli	-	✓
Ribosomi	✓	✓
Mesosomi	✓	-
Citoscheletro	-	✓
Mitosi con cromosomi e fuso	-	✓
Riproduzione sessuata	-	✓
Flagelli con assonema	✓	✓

	Definizione
Nucleoide	Regione cellulare nella quale è localizzato il cromosoma (**circolare**) del procariote. **Non** delimitato da una membrana
Ribosomi	Complessi molecolari formati da **rRNA** e **proteine** che svolgono un ruolo centrale nella sintesi delle proteine
Plasmidi	Piccoli filamenti **circolari** di **DNA** presenti nel citoplasma dei batteri

1.2 MEMBRANA PLASMATICA

Modello a ***"mosaico fluido"***, composto da:

	Composizione	Funzione
Lipidi (60%)	• fosfolipidi • colesterolo	garantiscono la struttura e la **fluidità** di membrana
Proteine (30%)	• trasportatrici / canale • recettori	• scambio di **ioni** e soluti • risposta ai **segnali**
Carboidrati (10%) (*glicocalice*)	• glicoproteine • glicolipidi	**riconoscimento** e interazione tra cellule

ATTENZIONE PER IL TEST !

+ fluidità = ↑ temperatura, poche proteine, acidi grassi insaturi
– fluidità = ↓ temperatura, tante proteine, acidi grassi saturi

1.3 TRASPORTO DI MEMBRANA

Modello a ***"mosaico fluido"***, composto da:

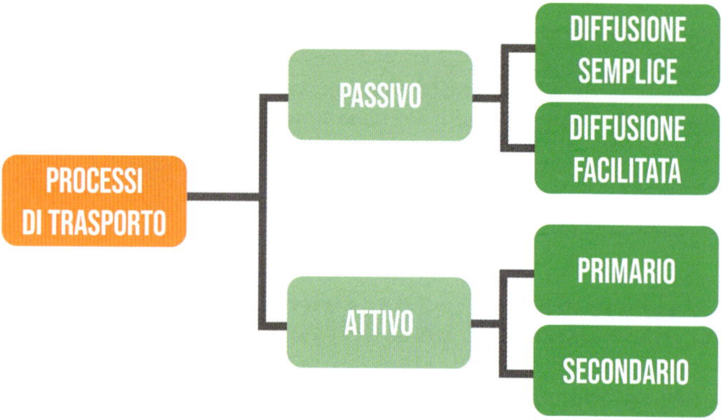

Trasporto passivo	Trasporto attivo
Secondo gradiente	**Contro** gradiente
NON necessita di ATP	Necessita di **ATP**
Avviene per **diffusione semplice** (attraverso i fosfolipidi) o **facilitata** (da canali proteici)	Avviene **solo** attraverso trasportatori **proteici**

MNEMOTECNICA TB

La pompa sodio-potassio
Come ricordarsi quanti ioni entrano/escono?

Na⁺ = 3 caratteri (**N**, **a** e **+**) → **3** ioni
K⁺ = 2 caratteri (**K** e **+**) → **2** ioni

MNEMOTECNICA TB

La pompa sodio-potassio

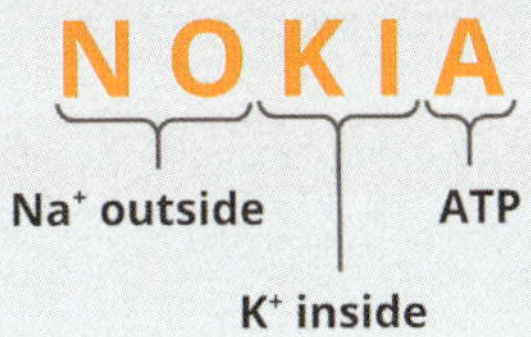

OSMOSI

- Movimento di **solvente**
- Dalla zona a **minor** concentrazione di soluti (compartimento ipotonico) → alla zona a **maggior** concentrazione di soluti (compartimento **ipertonico**)

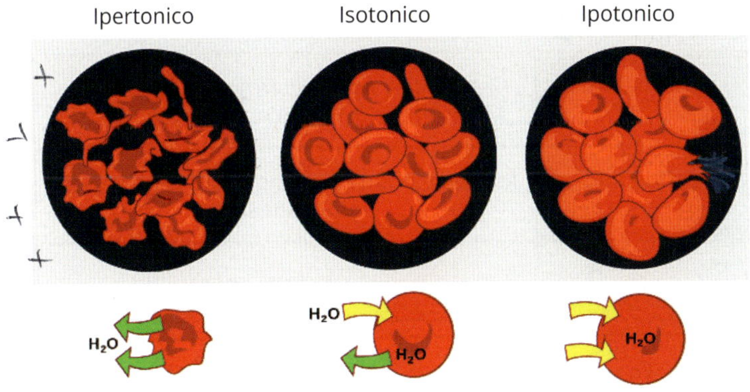

TRASPORTO DI MASSA

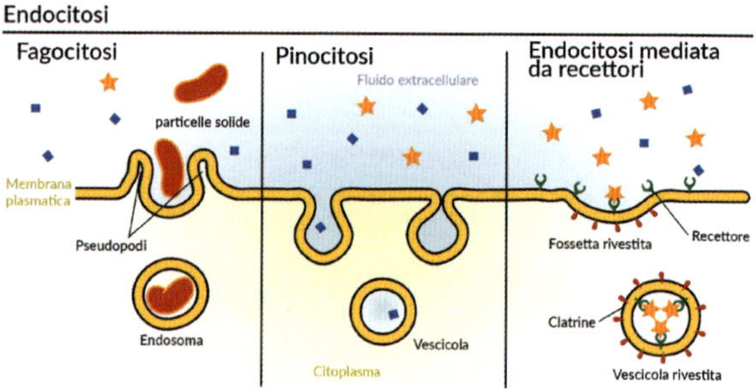

ATTENZIONE PER IL TEST

Nell'**osmosi** si ha un movimento di **solvente**:
→ da zona a minor concentrazione a zona a maggior concentrazione di soluto

Nei **trasporti di massa** (diffusione) si ha un movimento di **soluto**:
→ da zona a maggior concentrazione a zona a minor concentrazione di soluto

Tabella riassuntiva

Diffusione semplice	Molecole **apolari**: ormoni steroidei... Molecole **polari** piccole: acqua, glicerolo...
Diffusione facilitata	Molecole **polari** di grandi dimensioni: glucosio, fruttosio...
Diffusione regolata	**Ioni**
Endocitosi/ esocitosi	**Grosse molecole**

ESERCIZIO GUIDATO

Che tipo di trasporto sfrutta la molecola di Ca^{++} per entrare nelle cellule?

A. Diffusione semplice
B. Diffusione facilitata
C. Trasporto attivo primario
D. Trasporto attivo secondario
E. Endocitosi

Prima di tutto dobbiamo capire di che molecola si tratta e quali sono le sue caratteristiche: Ca^{++} è uno ione e, come tale, è una molecola piccola e polare (essendo una molecola carica va infatti molto d'accordo con l'acqua).
Possiamo quindi escludere fin da subito l'endocitosi, sfruttato da molecole molto grandi (risposta E errata). Inoltre, essendo una molecola polare, molto diversa dalle molecole lipidiche che compongono la membrana, richiede necessariamente una **proteina trasportatrice**, un canale preferenziale che le permetterà di attraversare il bilayer fosfolipidico. Ecco perché possiamo escludere anche la Diffusione semplice, che non prevede l'intervento di trasportatori (risposta A errata).
In seguito dobbiamo capire se il suo movimento avviene secondo gradiente oppure no.
Il Ca^{++} è, in condizioni fisiologiche, più concentrato all'esterno della cellula piuttosto che nel suo citoplasma: il suo passaggio verso l'interno, quindi, sarà un percorso secondo gradiente (da dove è più concentrato, a una zona dove è meno concentrato). di conseguenza il trasporto è di tipo **passivo**, senza consumo di ATP, a differenza di quanto avviene per i trasporti attivi (risposte C e D errate).
Infatti il Ca^{++}, entra nella cellula seguendo il suo gradiente di concentrazione e utilizzando delle proteine canale, secondo un tipo di trasporto definito **diffusione facilitata**. In particolare il passaggio di tale molecola è regolato dagli stessi trasportatori, che si aprono o si chiudono in base agli stimoli che provengono dall'interno o dall'esterno della cellula: ecco perché si tratta di una diffusione regolata.
Risposta corretta B.

1.4 GIUNZIONI

	Funzione	Composizione	Localizzazione
Occludenti (*tight junctions*)	impedire il passaggio di materiale per via paracellulare	complessi proteici	epidermide, intestino, vescica
Aderenti (ancoranti)	adesione cellula-cellula	microfilamenti di actina	epiteli
Desmosomi (ancoranti)	adesione cellula-cellula	filamenti intermedi	cuore
Emidesmosomi (ancoranti	adesione cellula - membrana basale	filamenti intermedi (metà desmosoma)	cellule epiteliali soprattutto
Comunicanti (*gap junctions*)	comunicazione del citoplasma di due cellule adiacenti; formano le **sinapsi elettriche**	canali proteici (connessoni)	cuore

Dischi intercalari = sono giunzioni presenti nelle cellule cardiache formate da:

- **Desmosomi** = resistenza alle forze contrattili
- **Giunzioni gap** = veloce trasmissione dell'impulso

Permettono la contrazione simultanea del cuore

1.5 SISTEMA DELLE ENDOMEMBRANE

	RER	REL	Golgi
Unità strutturale	Cisterne	Tubuli	Vescicole
Sede	Citoplasmatica, perinucleare	Citoplasmatica, in continuità con il RER	Citoplasmatica, a volte vicino al RE
Aspetto	Rugoso (ribosomi)	Liscio (NO ribosomi)	Vescicole appiattite (facce cis/trans)
Funzioni	• Modifiche **post-traduzionali** delle proteine	• Sintesi **lipidica** • **Detossificazione** farmaci • Depositi di calcio	• **Glicosilazione** di proteine e lipidi • **Concentrazione** e **condensazione** di enzimi

1.6 STRUTTURA E FUNZIONE DELLE COMPONENTI CELLULARI EUCARIOTICHE

Struttura	Funzione
Nucleo	Compartimento protetto e delimitato da doppia membrana contenente il **materiale genetico** della cellula
Nucleolo	**Area** nucleare adibita alla sintesi di **rRNA**
Membrana cellulare	Membrana costituita da un bilayer fosfolipidico con funzione di **sostegno** e **compartimentazione** della cellula
Ribosomi	Sintesi **proteica** a partire da **mRNA**
RER	Sistema di **cisterne** a cui aderiscono i ribosomi adibito alla **modificazione di proteine** destinate all'esterno della cellula
REL	Sistema di **tubuli** adibito alla sintesi di **lipidi**, alla demolizione di **tossine** e all'accumulo di **Ca^{2+}**
Apparato di Golgi	Sistema di **vescicole** con funzione di **glicosilazione** di lipidi e proteine, **condensazione** degli enzimi e **smistamento** vescicolare
Lisosomi	Digestione di materiale esogeno o endogeno grazie a **idrolasi acide**
Mitocondri	Delimitati da doppia membrana, dotati di **DNA proprio**, sede di **respirazione cellulare aerobia** e sintesi di **ATP**
Cloroplasti	Delimitati da doppia membrana, dotati di **DNA proprio**, sede della **fotosintesi clorofilliana**
Citoscheletro	Rete di **microtubuli**, **filamenti intermedi** e **microfilamenti** con funzione di **sostegno** e **contrattile**

CELLULA VEGETALE

La cellula vegetale è **eucariotica**, quindi ha le stesse componenti della cellula animale, con in più:

- Parete cellulare
- Cloroplasti
- Vacuolo

invece NON possiede i lisosomi, la cui funzione è svolta dal vacuolo.

ATTENZIONE PER IL TEST

I **ribosomi**, quindi sono deputati alla sintesi proteica ma:

→ **Ribosomi del REL** = proteine di membrana e destinate all'esportazione e/o alla membrana cellulare

→ **Ribosomi liberi** = proteine intrinseche

ESERCIZIO GUIDATO

Da cosa sono composti i microfilamenti del citoscheletro?

A. Tubulina
B. Cheratina
C. Lamìne
D. Actina
E. Miosina

Il citoscheletro della cellula è formato da tre diverse componenti che, in ordine di grandezza, sono:

- **Microtubuli** (⌀ = 25 nm): sono formati da dimeri di tubulina i quali formano 13 proto-filamenti che poi si organizzano a formare una struttura cilindrica cava. Sono implicati nella formazione dell'apparato mitotico (fuso e centrioli), oltre che delle strutture motrici come ciglia e flagelli
- Filamenti intermedi (⌀ = 10 nm): sono costituiti da proteine differenti a seconda della loro localizzazione; ad esempio, nelle cellule epiteliali sono formati da chera-

tina, mentre nei fibroblasti da Vimentina e Desmina. In tutte le cellule, però, compongono la lamina nucleare e, in questo caso, sono costituiti dalla successione di lamìne. Inoltre, offrono resistenza meccanica alla cellula, soprattutto quella animale, sprovvista di membrana.

- Microfilamenti (⌀ = 5-7 nm): sono costituiti dall'unione di 10-20 monomeri di actina globulare, che in presenza di ATP, polimerizza a dare delle catene proteiche. Permettono la contrazione muscolare (insieme ai filamenti spessi di miosina) e il movimento ameboide; inoltre possono partecipare al sostegno strutturale della cellula.

Risposta corretta D.

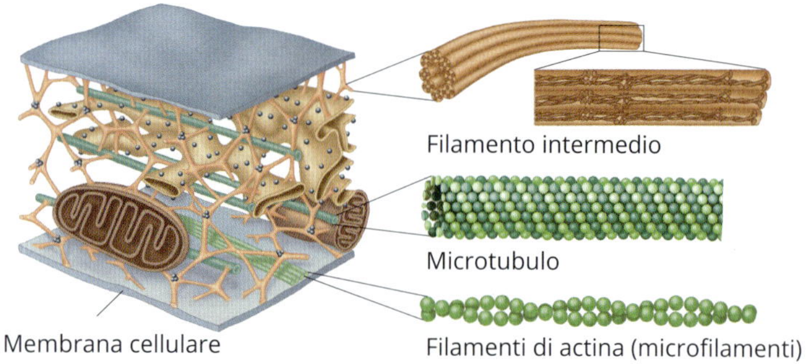

Strutture addizionali

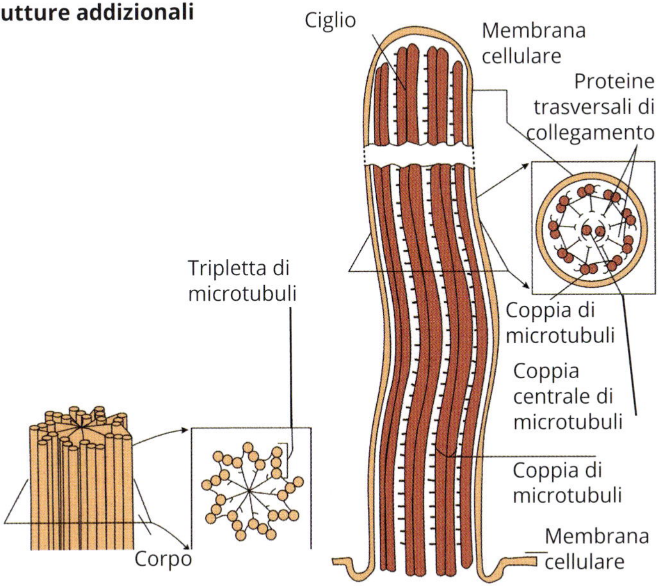

	Ciglia	Flagello	Centrioli
Struttura	Assonema + corpo basale	Assonema + corpo basale	9 triplette di microtubuli
Funzione	Movimento della matrice extracellulare	Movimento della cellula	Creazione del fuso mitotico
Quantità	Numerose	1 (o pochi)	Pre fase S: 2 Post fase S: 4
Lunghezza	2-10 μm	10-200 μm	1-2 μm
Movimento	Battito coordinato	1-2 μm	-

2. DOGMA CENTRALE DELLA BIOLOGIA

Come nel nostro libro di teoria, abbiamo organizzato questa sezione dividendola in sottocapitoli riguardanti i diversi processi del dogma centrale della biologia: replicazione, trascrizione e traduzione.
Per ognuno di questi eventi sono presenti immagini e schemi che permettono di ricapitolare chi sono i particolari protagonisti del processo, perché questo avviene e in quale sede.
In questo modo, una volta studiati in modo approfonditi questi eventi, ti sarà molto più facile andare a ripassare in modo focalizzato alcuni dettagli che spesso vengono richiesti al test!

2.1 REGOLA DI CHARGAFF

A = T e **G = C**, di conseguenza → **A + G = T + C** ossia rapporto 1:1 tra purine e pirimidine

MNEMOTECNICA TB

Le basi puriniche

PurGA → **Pur**ine = **G**uanina e **A**denina

ESERCIZIO GUIDATO

Viene fornita una molecola di DNA costituita da 260 basi. Sapendo che la timina corrisponde al 20% delle basi totali, quante sono le citosine e quanti legami ad idrogeno legano i due filamenti?

A. C = 78, legami ad H = 321
B. C = 78, legami ad H = 234
C. C = 156, legame ad H = 676
D. C = 78, legami ad H = 338
E. C = 52, legami ad H = 338

Primo step: impostare una proporzione tra la percentuale di T e il numero di basi del frammento di DNA, 20 : 100 = x : 260; in questo modo otteniamo x = 52, che corrisponde al numero di T e di A. Ora, per calcolare il numero di C, possiamo impostare una proporzione tale per cui 30 : 100 = x : 260; la percentuale di C è del 30% perché, secondo le **regole di Chargaff**, A+G = T+C e ciò significa che sia la percentuale di purine che di pirimidine è del 50%. La proporzione può essere sostituita da una sottrazione, basata sempre sulle regole di Chargaff: (260 : 2) - 52 = 78, che corrisponde al numero di C e G (risposte C ed E errate). Per calcolare il numero di legami ad H che uniscono i due filamenti bisogna ricordare che A e T sono unite da 2 legami ad H, mentre C e G sono unite da 3 legami ad H. Basterà quindi moltiplicare 52 · 2 e 78 · 3 e sommare i due risultati, ottenendo 338 legami ad H.
Risposta corretta D.

2.2 CROMATINA

DNA (carica -) e istoni (carica +)

- **Eucromatina**: cromatina **attiva** (meno condensata)
- **Eterocromatina**: cromatina **inattiva** (più condensata)

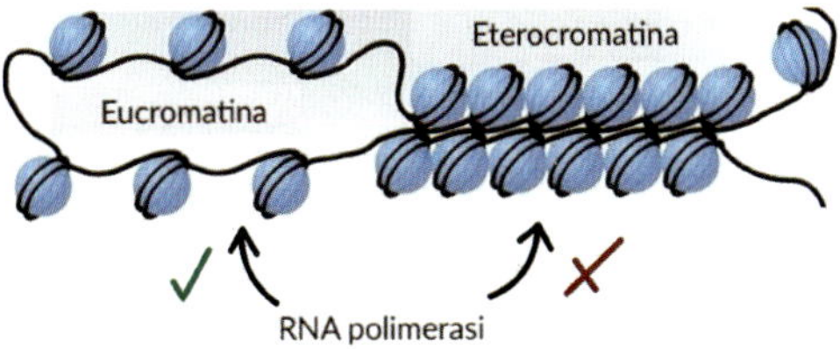

ESERCIZIO GUIDATO

Quale delle seguenti affermazioni è corretta per quanto riguarda la cromatina?

A. Gli istoni sono delle proteine acide
B. Le cellule staminali sono costituite da eterocromatina
C. Il corpo di Barr è un esempio di eterocromatina facoltativa
D. Il nucleosoma è costituito da DNA avvolto intorno ad un istone
E. La cromatina non è basofila

Gli istoni sono delle proteine basiche attorno alle quali il DNA si avvolge; in particolare, si viene a creare il cosiddetto **ottamero istonico**. Le cellule staminali sono cellule che svolgono un ruolo attivo nella sintesi di proteine, per questo motivo presentano eucromatina. Il nucleosoma è la struttura costituita dal DNA avvolto intorno all'ottamero istonico. La cromatina è formata per la maggior parte da DNA, una molecola fortemente acida e quindi basofila. Il corpo di Barr, infine, è una struttura presente nel nucleo delle cellule delle donne ed è costituito da un cromosoma X eterocromatinico che è quindi inattivo dal punto di vista trascrizionale andando a costituire la cosiddetta **eterocromatina facoltativa** in quanto l'inattivazione è casuale.
Risposta corretta C.

2.3 REPLICAZIONE DEL DNA

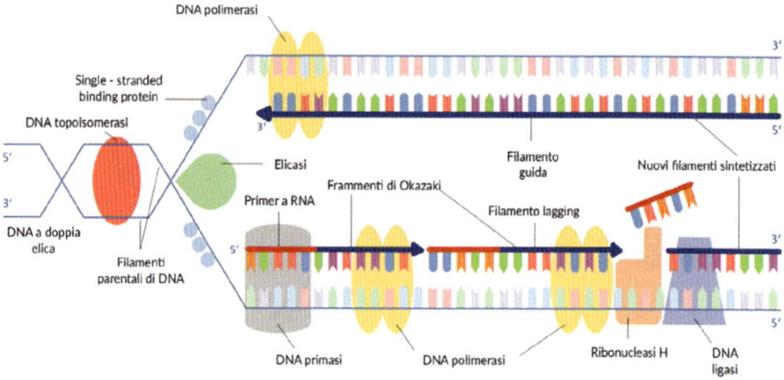

Enzima	Funzione
Elicasi	Svolge la doppia elica di DNA **rompendo i legami idrogeno** tra le basi complementari
Topoisomerasi	Agisce insieme all'elicasi **svolgendo i superavvolgimenti** della doppia elica di DNA
SSBP	**Impediscono** il riappaiamento delle basi dei due filamenti
Primasi	Sintetizza i **primer** di RNA che vengono riconosciuti dalla polimerasi
DNA-Polimerasi III	Sintetizza i filamenti di **DNA** in direzione **5' → 3'**
DNA-ligasi	**Lega** tra loro i frammenti di Okazaki

ATTENZIONE PER IL TEST

La DNA-polimerasi III:
Legge il filamento stampo in direzione **3′ → 5′**
Sintetizza il nuovo filamento in direzione **5′ → 3′**

ESERCIZIO GUIDATO

Quale delle seguenti affermazioni sulla replicazione NON è corretta?

A. Le DNA-polimerasi necessitano di un primer con un OH libero in 3′
B. La sintesi dei nuovi filamenti avviene sempre in direzione 5′ → 3′, anche se i due filamenti di DNA sono antiparalleli
C. La DNA-ligasi lega tra loro i frammenti di Okazaki
D. Il primer a RNA viene rimosso e sostituito con DNA dalla DNA-pol I
E. L'attività di proofreading è svolta dalla DNA-pol III

Per prima cosa bisogna fare attenzione al fatto che la domanda chiede la risposta ERRATA! Tutte le DNA-polimerasi sintetizzano il nuovo filamento sempre in direzione 5′ → 3′ e per questo motivo hanno bisogno di un primer con un OH libero in 3′. L'antiparallelismo tra i due filamenti di DNA non comporta una differenza nella direzione della sintesi, essa procederà sempre in direzione 5′ → 3′; la differenza si osserva nel cosiddetto filamento lagging, nel quale la sintesi procederà in modo discontinuo. La DNA-pol I possiede anche un'attività di **correttore di bozze** o proofreading in caso di errore da parte della DNA-pol III.
Risposta corretta E.

2.4 TRASCRIZIONE DEL DNA

Fase	Caratteristiche
Inizio	I fattori di trascrizione riconoscono il sito promotore permettendo l'aggancio dell'RNA-polimerasi
Allungamento	L'RNA-polimerasi sintetizza un trascritto di mRNA complementare al filamento di DNA in direzione 5' → 3' **N.B.** La **timina** è sostituita dall'**uracile**
Terminazione	L'RNA-polimerasi raggiunge le sequenze di terminazione e si stacca dal DNA liberando il trascritto primario

Tra le **sequenze regolatrici** bisogna ricordare:

- **Enhancers**: favoriscono la trascrizione di un gene (anche a distanza)
- **Silencers**: inibiscono la trascrizione richiamando i repressori

MODIFICAZIONI POST-TRASCRIZIONALI

Il trascritto primario negli **eucarioti** viene successivamente modificato tramite i processi di:

- **Capping** → aggiunta di guanosina modificata all'**estremità 5'**
- **Poliadenilazione** → aggiunta di sequenza di adenosine all'**estremità 3'** **(coda poli-A)**
- **Splicing** → rimozione degli introni e unione degli esoni
  - **Splicing alternativo** → diverso riarrangiamento degli esoni così che dallo stesso trascritto primario si possano ottenere più mRNA diversi tra loro, cioè più proteine diverse (isoforme).

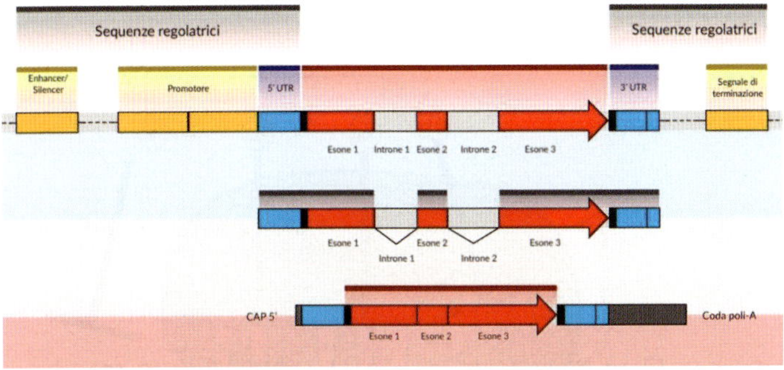

ESERCIZIO GUIDATO

Il seguente frammento di DNA viene trascritto:

5' TGATCCGATA 3'

Quale dei seguenti è l'mRNA corrispondente?

A. 5' ACTAGGCTAT 3'
B. 5' UAUCGGAUCA 3'
C. 3' ACUAGGCUAU 5'
D. 5' ACUAGGCUAU 3'
E. 5' TATCGGATCA 3'

Bisogna tenere a mente che la direzione della lettura del frammento da parte della RNA-pol è da 3' a 5' e la direzione della trascrizione è 5' a 3'. Quindi occorre partire dalla fine del frammento e procedere verso sinistra! Al termine della trascrizione si ottiene un frammento di mRNA, molecola che contiene il nucleotide U al posto della T.
Risposta corretta B.

2.5 TRADUZIONE DELL'RNA

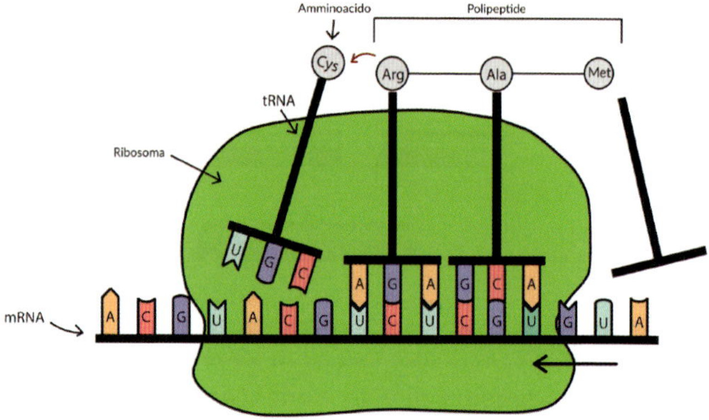

Fase	Caratteristiche
Inizio	1. L'mRNA maturo lega la subunità minore di un ribosoma. 2. Un primo amminoacil-tRNA (**metionina**) riconosce il codone d'inizio (**AUG**). 3. La subunità maggiore del ribosoma si unisce al complesso e la metionina occupa il **sito P**
Allungamento	Ogni volta che arriva un nuovo tRNA carico, questo si lega al **sito A** e gli altri tRNA slittano prima nel **sito P** e infine nel **sito E**; l'enzima **peptidil-tRNA-sintetasi** forma il legame peptidico tra gli amminoacidi dei tRNA adiacenti
Terminazione	Un fattore di rilascio si lega al complesso quando nel sito A entra uno dei **codoni di stop** e determina la fine della traduzione liberando la catena polipeptidica **N.B.** le subunità del ribosoma a questo punto si separano

ATTENZIONE PER IL TEST

Codone d'inizio: **AUG**
Codoni di stop: **UAA, UAG, UGA**

CODICE GENETICO

Caratteristiche:

- **Ridondante/degenerato**: a più codoni corrisponde uno stesso amminoacido (ma a ogni codone corrisponde al più un amminoacido!)
- **Universale**: comune a tutti gli esseri viventi

DECODER per decodificare le triplette (codoni)

seconda lettera

prima lettera	U	C	A	G	terza lettera
U	UUU UUC fenilalanina UUA UUG leucina	UCU UCC UCA UCG serina	UAU UAC tirosina UAA UAG fine STOP	UGU UGC cisteina UGA fine STOP UGG triptofano	U C A G
C	CUU CUC CUA CUG leucina	CCU CCC CCA CCG prolina	CAU CAC istitina CAA CAG glutamina	CGU CGC CGA CGG arginina	U C A G
A	AUU AUC AUA isoleucina AUG metionina START	ACU ACC ACA ACG treonina	AAU AAC asparagina AAA AAG lisina	AGU AGC serina AGA AGG arginina	U C A G
G	GUU GUC GUA GUG valina	GCU GCC GCA GCG alanina	GAU GAC acido aspartico GAA GAG acido glutamico	GGU GGC GGA GGG glicina	U C A G

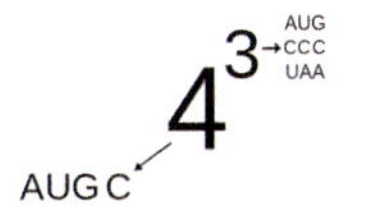

1 - alanina
2 - arginina
3 - asparagina
4 - ac. aspartico
5 - ac. glutamico
6 - cisteina
7 - glicina
8 - glutamina
9 - istidina
10 - isoleucina
11 - leucina
12 - lisina
13 - metionina
14 - fenilalanina
15 - prolina
16 - serina
17 - treonina
18 - tirosina
19 - triptofano
20 - valina

Amminoacidi non polari (idrofobi)
Amminoacidi polari (idrofili)
Amminoacidi ionici (molto idrofili)

MODIFICAZIONI POST-TRADUZIONALI

- Proteolisi
- Glicosilazione (O e N)
- Fosforilazione

N.B. Hanno luogo principalmente nelle cisterne del **RER** e nelle vescicole del **Golgi**

ATTENZIONE PER IL TEST !

Replicazione o duplicazione → nel **nucleo**, si ottiene DNA
Trascrizione → nel **nucleo**, si ottiene mRNA
Traduzione → su **ribosomi** liberi o adesi al RER, si ottiene un polipeptide

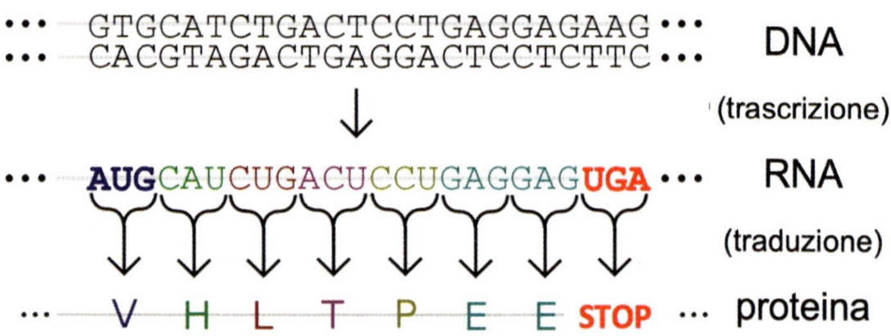

ESERCIZIO GUIDATO

Quale delle seguenti è la corretta successione di amminoacidi dopo la traduzione del seguente mRNA?
ACCAUGGUGACCGUGUGUUGAUGUUAA

A. Met-Val-Thr-Val-Cys-Cys-Cys
B. Thr-Met-Val-Thr-Val-Cys
C. Met-Val-Thr-Val-Cys
D. Met-Val-Thr-Ser-Cys
E. Thr-Met-Val-Thr-Val-Cys-Cys-Cys

Niente paura! Per il test non bisogna imparare il codice genetico! La risoluzione di questo quesito in realtà è molto più semplice di quel che pare. Per prima cosa bisogna dividere in triplette il frammento di mRNA fornito e andare alla ricerca di AUG, il codone di inizio, che codifica per la metionina (in questo frammento in particolare, è il secondo codone). Successivamente si procede con la traduzione e si può notare come il codone GUG sia ripetuto due volte, quindi codifica per lo stesso amminoacido. Non è importante conoscere l'amminoacido codificato dal codone ACC. Nel procedere con la traduzione però, bisogna stare attenti ai codoni di STOP, UAA, UAG e UGA, i quali, se incontrati, determinano l'immediato arresto del processo. La terminazione della traduzione avviene per mezzo di un fattore di rilascio, il quale si lega al complesso mRNA - ribosoma nel momento in cui viene letto un codone di STOP, quindi non codifica per alcun amminoacido.
Risposta corretta C.

2.6 TRASCRIZIONE E TRADUZIONE NEI PROCARIOTI

Operone inducibile: i geni interessati normalmente NON vengono espressi perché un repressore blocca l'operatore.
Es. **Operone Lac** → il lattosio, quando presente, lega il repressore permettendo la trascrizione

Operone reprimibile: i geni interessati sono normalmente espressi perchè l'operatore è libero.
Es. **Operone triptofano** → il triptofano, quando presente, permette il legame del repressore

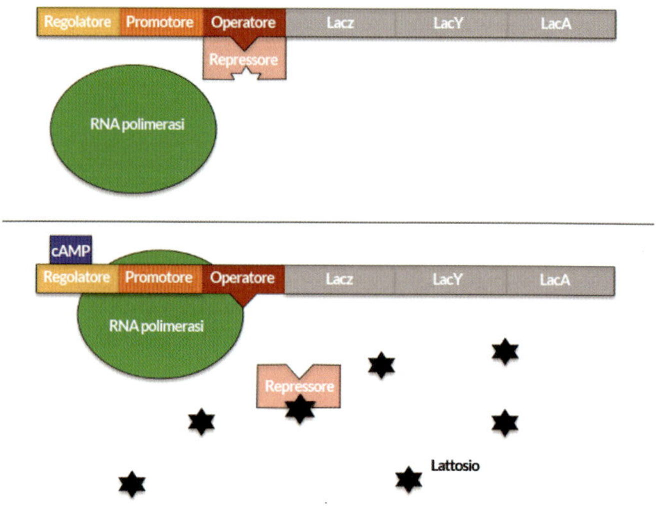

ESERCIZIO GUIDATO

Per quanto riguarda la trascrizione nei procarioti possiamo affermare che:

A. Negli operoni inducibili la trascrizione è attivata se il repressore si lega ad un induttore
B. Il promotore permette il legame della DNA-pol III
C. L'operatore è un segmento di DNA che induce la trascrizione
D. La trascrizione si attiva se l'induttore si lega all'operatore
E. Nell'operone Lac il lattosio si lega all'operone inibendo la trascrizione

Nei procarioti la trascrizione è regolata dagli operoni, non dagli operatori; gli operoni sono segmenti di DNA costituiti dal promotore, sito di legame per l'RNA-pol, dall'operatore, sito di legame del repressore (proteina che viene codificata da un gene regolatore) e infine dai geni strutturali, che codificano per le proteine del batterio. Gli operoni possono essere inducibili, operoni in cui i geni non sono espressi perché vi è un repressore che si lega all'operatore. Per attivare la trascrizione dei geni il repressore deve essere legato da un induttore, che permette il distacco del repressore dall'operatore. Negli operoni reprimibili l'operatore è libero e i geni sono espressi; in questo caso la trascrizione si blocca se è presente un ligando e se il repressore si lega all'operatore. L'opzione B si può escludere perché parla di una DNA-pol, assente nella trascrizione; nell'operone Lac il lattosio non si lega all'operone.
Risposta corretta A.

2.7 VIRUS

Parassiti endocellulari obbligati: sfruttano l'apparato biosintetico della cellula ospite.

Struttura

- **Materiale genetico**: DNA o RNA a singolo o doppio filamento
- **Capside proteico**
- **Envelope** (solo alcuni virus)

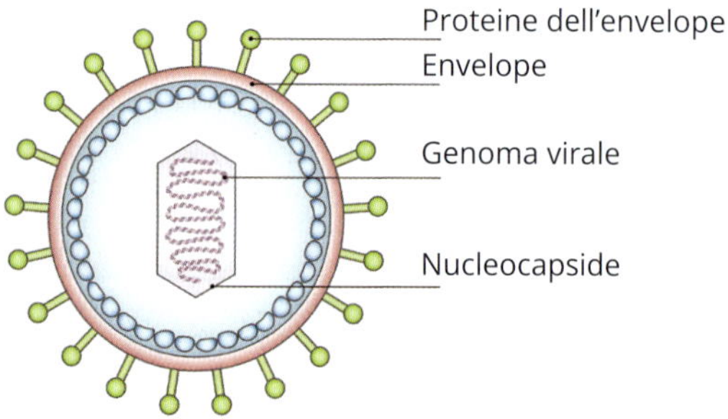

N.B. Alcuni virus (**retrovirus**) non rispettano il dogma centrale della Biologia: grazie all'enzima **trascrittasi inversa** producono DNA a partire da RNA

Ciclo replicativo

- **Ciclo litico**: lisi della cellula e liberazione dei virioni
- **Ciclo lisogeno**: il genoma virale si integra nel genoma dell'ospite (es. profago)

- **Ciclo litico**: lisi della cellula e liberazione dei virioni
- **Ciclo lisogeno**: il genoma virale si integra nel genoma dell'ospite (es. profago)

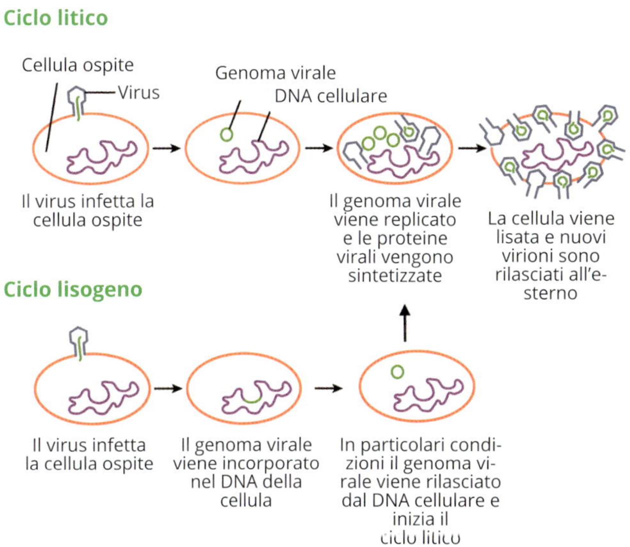

3. BIOTECNOLOGIE

Le biotecnologie rappresentano un mondo in costante evoluzione. Questo capitolo si distingue dagli altri perché, più che descrivere le caratteristiche della natura, tratta di come gli esseri umani siano in grado di interagire con essa. Il capitolo comprende gli esperimenti fondamentali che hanno portato alla scoperta del DNA, le tecniche principali con cui è possibile interagire con esso e altre strutture cellulari, e, infine, le applicazioni più comuni di queste tecniche.

3.1 LA SCOPERTA DEL MATERIALE GENETICO

L'ESPERIMENTO DI GRIFFITH

Dimostra la presenza di un *fattore trasformante*, in grado di trasferire le informazioni genetiche: i batteri S uccisi dal calore hanno trasferito il carattere della capsula polisaccaridica ai batteri R vivi.

Ceppo di Streptococcus pneumoniae inoculato	**Natura del ceppo**	**Destino del topo**
S (smooth)	Virulento	**Morto**
R (rough)	Non virulento	Vivo
S *scaldato*	Non virulento (i batteri sono uccisi dal calore)	Vivo
R + S *scaldato*	Virulento	**Morto**

In seguito alla dimostrazione che il materiale genetico batterico fosse trasferibile, si aprì, con questo esperimento, la questione intorno alla composizione del materiale genetico: Griffith al tempo (1928) propose - erroneamente - che si trattasse di materiale proteico, bisognerà aspettare il 1943, quando, altri scienziati, ristudiando questo esperimento capirono che il materiale genetico era costituito da **DNA**.

L'ESPERIMENTO DI AVERY

Suggerisce che il fattore trasformante è il DNA, esperimento compiuto sul ceppo S scaldato.

Campioni	Risultato
(Ceppo S scaldato + RNAasi) + Ceppo R	Ceppo virulento
(Ceppo S scaldato + proteasi) + Ceppo R	Ceppo virulento
(Ceppo S scaldato + DNAasi) + Ceppo R	Ceppo non virulento

L'ESPERIMENTO DI HERSHEY E CHASE

Conferma definitivamente che il materiale genetico è il DNA utilizzando il batteriofago T2, virus costituito solo da DNA e involucro proteico.

Isotopo radioattivo	Componente marcata	Risultati
^{35}S	Proteine	Radioattività extracellulare
^{32}P	DNA	**Radioattività intracellulare**: è il DNA che viene trasmesso dal fago al batterio

3.2 ELETTROFORESI, PCR E SEQUENZIAMENTO DI SANGER

ELETTROFORESI

- Confronta le strutture delle macromolecole biologiche sfruttando la possibilità di separare molecole elettricamente cariche grazie all'applicazione di un campo elettrico
- Necessita di: *stampo rettangolare, gel, DNA/RNA/proteine, campo elettrico*
- Polo positivo → anodo: vi migrano molecole cariche negativamente
- Polo negativo → catodo: vi migrano molecole cariche positivamente

MNEMOTECNICA TB

Gli **an**ioni migrano verso l'**an**odo

ENZIMI DI RESTRIZIONE

Endonucleasi:

- Riconoscono sequenze nucleotidiche palindrome e specifiche;
- Tagliano in due possibili modi:
  - Tagliano la sequenza allo stesso livello su entrambi i filamenti
    → *estremità piatte (blunt ends)*
  - Tagliano in modo sfalsato le sequenze ("a zig zag")
    → *estremità appiccicose (sticky ends)*

Southern blot

- Identifica la presenza di specifiche sequenze di DNA tagliate dagli enzimi di restrizione e separate con la corsa elettroforetica

- Fasi:
    - Separazione elettroforetica del DNA
    - Trasferimento dei frammenti denaturati su una *membrana di nitrocellulosa*
    - Aggiunta di sonde marcate
    - Rilevazione delle sonde marcate e identificazione della sequenza d'elezione

Southern blot → DNA
Northern blot → RNA
Western/Immuno blot → proteine

PCR (REAZIONE A CATENA DELLA POLIMERASI)

- Permette di amplificare massivamente un segmento di DNA d'interesse; spesso si amplificano anche brevi sequenze di basi ripetute ripetute in numero variabile nei genomi (*minisatelliti* → 10-100 bp; *microsatelliti* → 2-10 bp)
- Necessita di: *2 primer (uno per filamento), DNA-polimerasi Taq, desossinucleotidi trifosfati, termociclatore*
- Si ripetono ciclicamente (circa 30-40 volte) 3 step:
    1. Denaturazione → 95°-97°C
    2. Raffreddamento → ~ 60°C
    3. Allungamento → ~ 72°C
- La PCR viene trova impiego di utilizzo ad esempio nelle scende del crimine, dove, andando a prelevare campioni di fluidi corporei (es. sangue, saliva ecc), tramite appunto questa tecnica, si può amplificare il DNA contenuto nei campioni e andare a confrontarlo con altri campioni noti.

Partendo da una singola copia di una sequenza di DNA, si ottiene una quantità di DNA pari a 2^n, dove n è il numero di cicli di PCR eseguiti

SEQUENZIAMENTO DI SANGER

- Stabilisce con precisione la sequenza delle basi di DNA
- Nella sua forma classica, necessita di: *4 provette, filamento stampo, primer marcati, DNA-polimerasi, desossinucleotidi (A, C, G, T), un solo tipo di dideossinucleotide per provetta (dA, dC, dG, dT)*
- In ogni provetta si ha la sintesi da parte della DNA-polimerasi di numerose copie del filamento stampo, che vengono interrotte in posizioni diverse quando viene aggiunto un dideossinucleotide: si formano così frammenti a terminazione nota e lunghezza diversa, che vengono poi separati elettroforeticamente
- Fu utilizzato come metodo per sequenziare il genoma umano negli anni '90. Per completare il progetto ci vollero più di 13 anni. Attualmente esistono delle metodologie più veloci ed economiche (es. Next Generation Sequencing, NGS).

ESERCIZIO GUIDATO

Prima dello scoppio della pandemia da Sars-CoV-2, in Italia vennero isolati alcuni casi sospetti: una coppia di turisti cinesi a Roma e alcuni uomini in Veneto riportavano sintomi respiratori. La comunità scientifica ben presto scoprì che si trattava di coronavirus in entrambi i casi, tuttavia, tramite tamponi naso-faringei, si scoprì che i virus avevano un genoma leggermente diverso fra loro. In questo modo poterono determinare i diversi sottogruppi che si stavano diffondendo nel paese. Quale dei seguenti metodi venne utilizzato per giungere alla identificazione dei diversi sottogruppi?

A. Elettroforesi
B. Southern-Blot
C. Sequenziamento
D. PCR
E. Combinazione di enzimi di restrizione

Tramite tamponi naso-faringei, dove venne individuata la presenza del virus, si proseguì dapprima con l'identificazione del genoma tramite sequenziamento. Si scoprì infatti che alcune sequenze cambiavano a seconda che si analizzasse il tampone prelevato in Veneto o quello prelevato a Roma. La tecnica utilizzata infatti stabilisce con precisione le sequenze del genoma e viene utilizzata al fine di studiare il meccanismo d'azione dei virus. La PCR, invece, è una tecnica utilizzata per amplificare piccole sequenze di materiale genetico, mentre nel caso descritto fu necessario aver traccia dell'intero genoma. Le altre opzioni si occupano di isolare e tracciare strutture specifiche e non l'intero genoma.
Risposta corretta C.

3.3 DNA RICOMBINANTE, CLONAGGIO E CLONAZIONE

DNA RICOMBINANTE

- È una sequenza di DNA ottenuta unendo artificialmente due frammenti di DNA di origine diversa
- Necessita di 3 componenti fondamentali:
  - Donatore → cellula contenente la sequenza di DNA che occorre trasferire e riprodurre
  - Vettore di clonaggio → strumento in grado di incorporare la sequenza d'interesse dal donatore e trasferirla al riceven te (in genere sono *plasmidi* o *fagi*)
  - Ricevente → cellula che riceve dal vettore la sequenza d'interesse o che ingloba completamente il vettore al suo interno

Coniugazione	Passaggio del DNA plasmidico da un batterio a un altro tramite il pilo, che funge da "ponte"
Trasformazione	Il batterio muore rilasciando il suo genoma nell'ambiente esterno, che verrà poi inglobato da un altro batterio (vedi esperimento di Griffith)
Trasduzione	Passaggio del DNA da un batterio a un altro tramite un fago (virus)
Transfezione	Il ricevente è una cellula eucariotica

ESERCIZIO GUIDATO

Nel 1946, gli scienziati Laderberg e Lawrie Tawtum vinsero il premio nobel per la seguente scoperta: "abbiamo coltivato due ceppi di E.Coli: uno mancante di tre geni essenziali allo sviluppo batterico, l'altro presentante i geni mancanti al primo, però mancante di altri tre geni altrettanto fondamentali. Coltivando separatamente questi ceppi, nessuno dei due si sviluppava. Coltivandoli insieme si ottenevano entrambi i ceppi mutati, ma in grado di evolversi."

Quale meccanismo fu scoperto dai due scienziati?

A. Coniugazione
B. Trasduzione
C. Transfezione
D. Trasformazione
E. Nessuna delle precedenti

Questo esperimento descrive la scoperta del processo di coniugazione. La coniugazione infatti è proprio quel processo che permette il passaggio di DNA da un batterio ad un altro tramite il pilo sessuale. Le altre opzioni sono da escludere poiché la trasformazione avrebbe previsto la morte di uno dei due ceppi (ne è un esempio l'esperimento di Griffith), invece in questo caso sappiamo che entrambi si sviluppano come mutati. Trasduzione e transfezione si possono escludere perchè non si parla di infiltrazione virale o di coltura in animali. Quest'ultimi infatti, sono processi che coinvolgono i virus (trasduzione, in cui vi è passaggio di DNA da un batterio a un altro tramite un fago, ovvero un virus) o cellule di natura eucariotica (transfezione).

Risposta corretta A.

CLONAGGIO E CLONAZIONE

Clonaggio → Procedura che consente di ottenere più copie di una specifica sequenza di DNA median-te la tecnica del DNA ricombinante

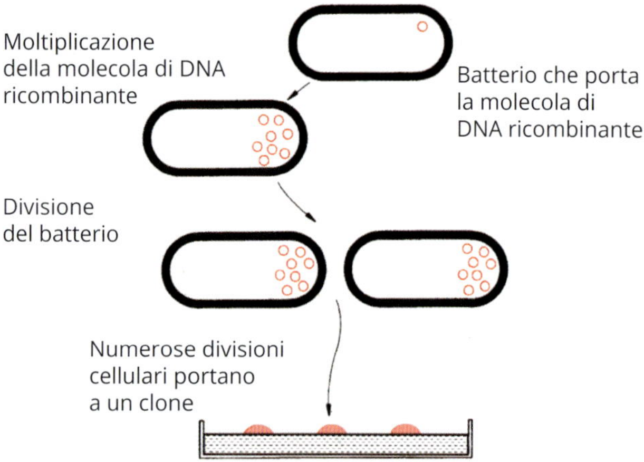

Clonazione → Procedura che permette di creare una copia geneticamente identica di un essere vivente

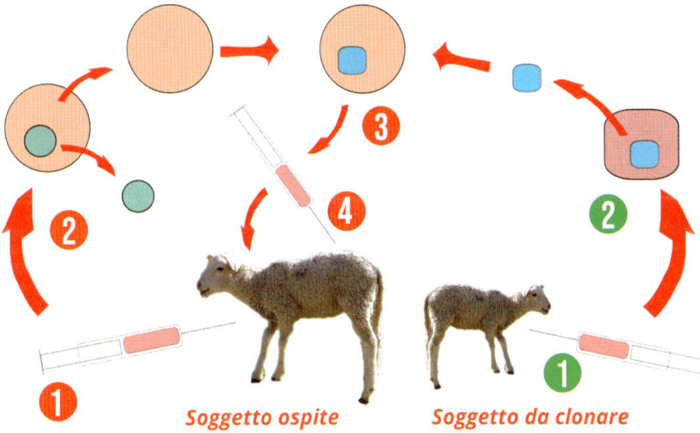

1. **Dal soggetto ospite viene prelevata una cellula uovo**
2. **La cellula uovo viene privata del nucleo**
3. **Il nucleo isolato viene inserito nel citoplasma della cellula uovo ospite**
4. **Lo zigote viene fatto riprodurre stimolato con scariche elettriche e reinserito nel soggetto ospite che porterà avanti la gravidanza**

1. **Vengono asportate alcune cellule staminali**
2. **Da una cellula viene isolato il nucleo**

4. CICLO CELLULARE

Il ciclo cellulare ha la fama di essere tra i capitoli più stimolanti nel lungo percorso verso il test! Vedremo passo per passo l'organizzazione del materiale genetico in cromosomi e analizzeremo come questi si distribuiscono quando le cellule si replicano. In particolare, vedremo nel dettaglio e confronteremo tra loro la mitosi e la meiosi, dopodiché ci concentreremo sull'applicazione "pratica" della meiosi: la gametogenesi.

4.1 PLOIDIA

a	Coefficiente numerico che esprime la ploidia	• a = 1 → aploide • a = 2 → diploide
n	Numero di cromosomi del corredo aploide	Pari a 23 in Homo sapiens: 22 autosomi + 1 eterosoma (X o Y)
2n	Numero di cromosomi della cellula somatica diploide	Pari a 46 in Homo sapiens: 22 coppie di autosomi + 1 coppia di eterosomi (XX o XY)
c	Espressione della quantità di DNA corrispondente a n	• 2c → quantità di DNA in una cellula in G1 • 4c → quantità di DNA in una cellula che ha fatto la duplicazione del DNA

Nelle cellule **somatiche** (diploidi), ogni cromosoma è presente in due copie:

- Una di origine **paterna**
- Una di origine **materna**

} Coppia di **cromosomi omologhi**

Cromosomi omologhi → sono **morfologicamente identici**
- Stessi loci genici nelle stesse posizioni
- *Stessi caratteri* (es. colore degli occhi) nei medesimi loci
  Diversi alleli (es. occhi marroni - occhi azzurri) nei medesimi loci

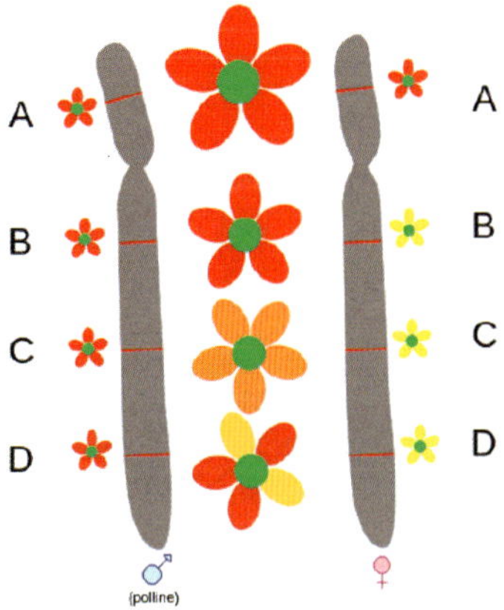

ESERCIZIO GUIDATO

nel nostro organismo quali dei seguenti tipi di cellule sono presenti?

A. Aploidi e diploidi
B. Aploidi diploidi e poliploidi
C. Aneuploidi
D. Cellule aploidi, cambia a seconda della cellula la quantità di DNA (c)
E. Nessuna delle precedenti

Nel nostro organismo alcune cellule possono essere binucleate o polinucleate e da questo ne consegue un numero di cromosomi multipli del patrimonio diploide: ogni nucleo di cellule somatiche contiene un numero di cromosomi 2n, quindi, alcune cellule, avendo più nuclei avranno : $n = 2n \cdot$ numero di nuclei. Sono un esempio le cellule dei sincizi muscolari o le piastrine. La risposta E poteva essere subito esclusa poichè la quantità di DNA (c) varia solo in seguito a duplicazione.
Risposta corretta B.

4.2 INTERFASE

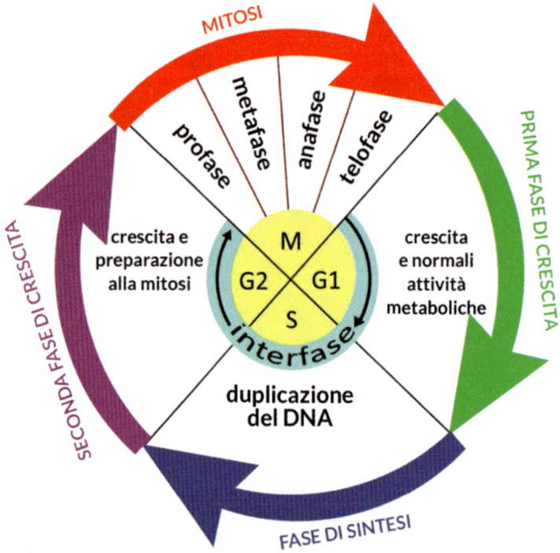

G0 → Stato di quiescenza (temporaneo o perenne) durante il quale la cellula non si divide. *Es. neuroni*

ATTENZIONE PER IL TEST

In fase S **non** raddoppia il numero di cromosomi né aumenta l'informazione genetica (sempre 2n), ma i cromosomi passano **dalla** forma **monocromatidica** (G1) **alla** forma **bicromatidica** (G2)

4.3 APPARATO MICOTICO

Centrioli	Strutture di forma cilindrica cava, la cui parete è costituita da 9 triplette di microtubuli
Centrosoma	Insieme dei due centrioli, si duplica in fase S dando luogo a due centrosomi, ciascuno dei quali migra a un polo della cellula
Centromero	Regione del cromosoma bicromatidico dove si uniscono i cromatidi fratelli
Cinetocore	Struttura proteica in corrispondenza del centromero alla quale si agganciano i microtubuli del fuso
Microtubuli del fuso	• Aster → puntano verso il proprio polo • Polari → puntano verso il polo opposto • Del cinetocore → legano i cinetocori

La funzione dell'apparato mitotico è quella di garantire il corretto allineamento dei cromosomi sulla piastra equatoriale e la ripartizione di questi nelle cellule figlie. Quest'ultima fase avviene grazie alla capacità dei microtubuli del fuso di polimerizzare (allungarsi) e depolimerizzare (accorciarsi) e portare con sè i cromosomi. Questi microtubili non sono una costante nella cellula: compaiono in profase e scompaiono in telofase.

4.4 MITOSI

Divisione cellulare in cui, a partire da una cellula madre, si ottengono 2 cellule figlie geneticamente identiche, nelle quali vengono equamente spartiti gli organuli.

FASI

- Divisione del nucleo:
  - Profase
  - Prometafase
  - Metafase
  - Anafase
  - Telofase
- Divisione cellulare:
  - Citodieresi (in associazione alla telofase)

Profase	• Dissoluzione del nucleolo • La cromatina si condensa • Inizia l'organizzazione del fuso mitotico
Prometafase	• I centrosomi migrano ai poli della cellula • Completamento del fuso mitotico • I microtubuli del cinetocore prendono contatto con il cinetocore • Dissoluzione della membrana nucleare
Metafase	• Cromatidi fratelli allineati sulla piastra metafasica (o equatoriale)
Anafase	• I cromatidi fratelli di ciascun cromosoma vengono tirati dai microtubuli del cinetocore e si separano (segregano), dirigendosi ai poli opposti della cellula

Telofase	• I cromatidi appena separati raggiungono i poli opposti • Le fibre del fuso depolimerizzano • Si riformano le membrane nucleari • Ricompaiono i nucleoli • La cromatina si decondensa
Citodieresi	• Gli organuli vengono circa ripartiti egualmente tra le cellule figlie • Si forma un anello di actina che determina una strozzatura nella cellula madre, separandola fisicamente nelle due cellule figlie

MNEMOTECNICHE TB

Pass **M**e **A**nother **T**equila **C**ocktail
Poldo **M**angia **A**l **T**avolo
Profase - Metafase - Anafase - Telofase - Citodieresi

In base al ciclo cellulare e quindi alla capacità di una cellula di eseguire con più o meno frequenza mitosi, possiamo suddividere le cellule somatiche in:

- **stabili**: bassa attività replicativa (es: fegato o cellule del muscolo liscio)
- **labili**: alta attività proliferativa per tutta la vita (es: cellule dell'epidermide o enterociti)
- **perenni**: hanno abbandonato il ciclo cellulare entrando in G0 e non si dividono (neuroni, cellule muscolo cardiaco)

4.5 MEIOSI

Divisione cellulare in cui, a partire da una cellula madre, si ottengono 4 cellule figlie *geneticamente diverse*.

FASI

- **Meiosi I** → *riduzionale*: separazione dei cromosomi omologhi
- **Meiosi II** → equazionale: separazione dei cromatidi fratelli ("una piccola mitosi")

MEIOSI I		**Riduzionale** → riduce l'assetto cromosomico da 2n a n
1. Profase I		Si compone di 5 sotto-fasi
	1.1 Leptotene	Il materiale genetico si condensa
	1.2 Zigotene	*Sinapsi* (appaiamento) dei cromosomi omologhi → si forma la *tetrade*
	1.3 Pachitene	*Crossing-over*
	1.4 Diplotene	I cromosomi omologhi iniziano a separarsi, ma si notano ancora i *chiasmi*
	1.5 Diacinesi	I cromosomi completano la loro condensazione e risultano visibili
2. Metafase I		Le tetradi si allineano sulla piastra metafasica

3. Anafase I	I cromosomi bicromatidici di ciascuna coppia si muovono verso i poli opposti
4. Telofase I	I cromosomi bicromatidici sono ai poli opposti della cellula, si riformano le membrane nucleari e avviene la citodieresi
MEIOSI II	**Equazionale** → l'assetto cromosomico resta n, sono i cromosomi bicromatidici (23) a dividersi ciascuno in due cromosomi monocromatidici
1. Profase II	Attenzione: NON è preceduta da replicazione del DNA
2. Metafase II	I cromosomi si allineano sulla piastra equatoriale (i cromatidi componenti ciascun cromosoma bicromatidico non sono necessariamente identici per via del crossing-over)
3. Anafase II	I cromatidi fratelli si separano e migrano verso i poli opposti della cellula
4. Telofase II	La divisione cellulare è completa, si ottengono *4 cellule aploidi* diverse tra loro

MNEMOTECNICA TB

Le Zie **Pa**zze **Di Dia**na

Leptotene - Zigotene - Pachitene - Diplotene - Diacinesi

Quante combinazioni di gameti diversi possono essere prodotte per meiosi a partire da una singola cellula (senza considerare il crossing-over)?

$$a^n$$

a = ploidia, n = numero aploide di cromosomi

Grazie al solo assortimento indipendente, da una cellula germinale umana (somatica) possono originare 2^{23}, ossia ben 8.388.608 tipi di gameti diversi!

La meiosi è quindi un processo che coinvolge le cellule germinali e porta alla formazione di quattro cellule aploidi partendo da una cellula diploide. Le cellule hanno un DNA differente da quello di partenza, sia grazie alla presenza di crossing over sia grazie alla disgiunzione casuale e al dimezzamento del numero di cromosomi e della quantità di DNA.

ESERCIZIO GUIDATO

Indica quale delle seguenti risposte è corretta riguardante il processo di meiosi:

A. Si parte da una cellula diploide e si ottengono quattro cellule aploidi con DNA uguale da quello di partenza
B. Si parte da una cellula diploide e si ottengono due cellule aploidi con DNA diverso da quello di partenza
C. Si parte da una cellula diploide e si ottengono quattro cellule aploidi con DNA diverso da quello di partenza
D. Si parte da una cellula diploide e si ottengono due cellule diploidi con DNA diverso da quello di partenza
E. Nessuna delle precedenti

Il processo di meiosi garantisce la formazione dei **gameti** (cellula uovo per il sesso femminile e spermatozoo per il sesso maschile) tramite il passaggio da una cellula **diploide** (ovogonio e spermatogonio) a quattro cellule **aploidi** geneticamente diverse.
Risposta corretta C.

4.6 ERRORI NELLA MEIOSI

ERRORI NELLA MEIOSI

- **Trisomie:**
  - Trisomia 13 → Patau
  - Trisomia 18 → Edwards
  - Trisomia 21 → Down
  - Trisomia eterosomica (47,XXY) → Klinefelter
- **Monosomie:**
  - Monosomia eterosomica (45,X0) → Turner

Tutte le altre trisomie e monosomie sono letali a meno che non siano a mosaico.

Questi errori possono essere dovuti a traslocazione o non disgiunzione. Con **traslocazione** intendiamo lo spostamento di un pezzo di cromosoma che, dopo essersi staccato, andrà a legarsi ad un altro cromosoma. Come conseguenza una delle cellule figlie presenterà una quantità maggiore di un dato cromosoma. La **non disgiunzione** invece è la mancata separazione dei cromosomi omologhi durante la meiosi I (questi possono migrare nella stessa direzione oppure attaccarsi e non staccarsi in un secondo momento) o la mancata separazione dei cromatidi fratelli durante la meiosi II. La sindrome di Down, ad esempio, nel 95% dei casi è dovuta alla presenza di tre cromosomi a causa di una non disgiunzione. Nel 5% dei casi invece è dovuta a una traslocazione (detta traslocazione robertsoniana 14-21) che genererà una cellula figlia avente maggior quantità di cromosoma 21 rispetto all'altra (che al contrario avrà maggior quantità di cromosoma 14).

ESERCIZIO GUIDATO

Con traslocazione si intende lo spostamento di un pezzo di cromosoma che va a legarsi ad un altro. Supponendo una traslocazione che coinvolge i cromosomi 14 e 21, quale delle seguenti opzioni è una conseguenza possibile?

A. Sindrome di Down
B. Morte del feto in utero
C. La traslocazione 14-21 non è possibile perchè i cromosomi non sono contigui
D. Poichè il cromosoma 13 segue il 14 lo sbilanciamento dei cromosomi porterà con alta probabilità alla sindrome di Patau
E. Nessuna delle precedenti.

La sindrome di Down nel 95% dei casi è dovuta alla presenza di tre cromosomi a causa di una non disgiunzione, ossia la mancata separazione dei cromosomi omologhi durante la meiosi I (questi possono migrare nella stessa direzione oppure attaccarsi e non staccarsi durante la disgiunzione) o la mancata separazione dei cromatidi fratelli durante la meiosi II. Nel 5% dei casi invece è dovuta a una traslocazione (detta traslocazione robertsoniana 14-21) che genererà una cellula figlia avente maggior quantità di cromosoma 21. Le altre risposte sono errate poichè lo sbilanciamento dei cromosomi spesso è compatibile con la vita (come in questi casi) e perchè le traslocazioni possono avvenire tra cromosomi anche non contigui.

Risposta corretta A.

4.7 PLOIDIA - MITOSI VS MEIOSI

Mitosi	n	C	Cromosomi	Cromatidi
G1	2n	2c	46	46
S	2n	4c	46	92
Anafase	2n	4c	92	92
Citodieresi	2n	4c	46	46

Meiosi	n	C	Cromosomi	Cromatidi
G1	2n	2c	46	46
S	2n	4c	46	92
Anafase I	2n	4c	46	92
Citodieresi I	n	2c	23	46
Anafase II	n	2c	46	46
Citodieresi II	n	c	23	23

4.8 GAMETOGENESI

Gametogenesi	Spermatogenesi	Ovogenesi
Sede	Tubuli seminiferi del testicolo	Corticale dell'ovaio
Inizio	Pubertà	• Vita fetale (blocco in profase I) • Riprende alla pubertà (blocco in metafase II) • Riprende dopo la fecondazione
Frequenza	Continua	Mensile (ciclo ovarico)
Prodotti	4 spermatozoi	1 cellula uovo e 3 globuli polari
Capacità	Teoricamente illimitata	Numero di ovociti prestabiliti alla nascita

5. GENETICA

Le domande di genetica rappresentano ogni anno una parte cospicua di ciò che viene richiesto al test di Medicina e Odontoiatria. In particolare, riguardo a questo capitolo, spesso non solo sono presenti domande teoriche/nozionistiche, ma anche esercizi pratici.
In questo capitolo troverai schemi utili per memorizzare i concetti chiave della genetica mendeliana e molecolare, oltre a linee guida che spiegano step by step come affrontare qualsiasi esercizio di ereditarietà e albero genealogico.

5.1 DEFINIZIONI

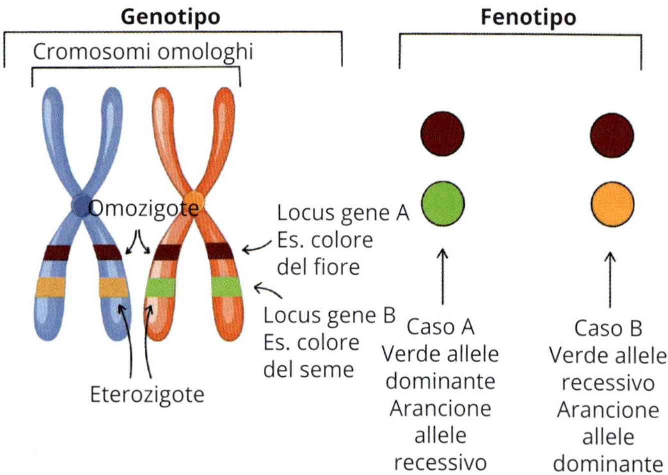

ESERCIZI GUIDATI

Un individuo di genotipo eterozigote:

A. Presenta un fenotipo eterozigote
B. Ha due alleli diversi in locus genici diversi
C. Ha gli stessi geni negli stessi locus genici
D. Non manifesta l'allele recessivo
E. Ha due alleli uguali per un carattere

Il genotipo è l'insieme degli alleli che codificano per un determinato carattere. Negli organismi diploidi, quali gli esseri umani, il genotipo è presente come una coppia di alleli, uno di derivazione materna e l'altro di derivazione paterna. Gli alleli possono essere dominanti o recessivi, nel caso in cui la loro manifestazione avviene in assenza di alleli dominanti. Un individuo di genotipo eterozigote presenta due alleli diversi per lo stesso locus genico e il fenotipo (la manifestazione del genotipo) è dominante, quindi l'allele recessivo è nascosto.
Risposta corretta D.

Quale delle seguenti affermazioni sui cromosomi omologhi è corretta?

A. Si osservano dopo la duplicazione del genoma
B. L'essere umano ha 46 cromosomi omologhi
C. Costituiscono le tetradi nella mitosi
D. Un cromosoma bicromatidico è costituito da due cromosomi omologhi
E. I cromosomi sono presenti in due coppie di omologhi, una di derivazione materna e l'altra paterna

I cromosomi omologhi codificano per lo stesso gene nello stesso locus genico, ma i vari geni possono essere presenti in diverse varianti (alleli) della stessa informazione. L'essere umano presenta 22 coppie di omologhi non sessuali e una coppia di cromosomi sessuali. Le tetradi sono costituite dall'appaiamento dei cromosomi omologhi lungo la piastra metafasica nel corso della meiosi. Dopo la duplicazione del DNA i cromosomi passano da monocromatidici a bicromatidici, costituendo i cromatidi fratelli; i cromosomi omologhi sono uno di derivazione materna e l'altro di derivazione paterna.
Risposta corretta E.

5.2 QUADRATO DI PUNNET

ISTRUZIONI:

1. Identificare il genotipo dei genitori (es. AA, Aa, aa)
2. Disegnare la tabella a doppia entrata
3. Scrivere i potenziali gameti che possono originare da un individuo
4. Completare il quadrato con le possibili combinazioni
5. Interpretare i risultati in base alla richiesta dell'esercizio

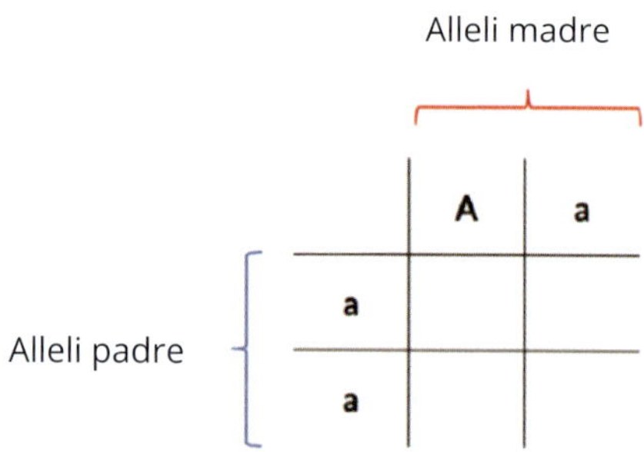

ESERCIZIO GUIDATO

Cesare e Sabina aspettano una bambina, entrambi però sono portatori sani di una malattia autosomica recessiva. Se la malattia è letale nel feto in omozigosi, qual è la probabilità che anche la bambina sia portatrice?
Qual è la probabilità di avere un secondo figlio maschio anche lui portatore?

A. ½; ¼
B. ⅔; ⅓
C. ⅔; ⅔
D. ⅔; ¼
E. ⅓; ⅙

Per risolvere il quesito per prima cosa bisogna disegnare il quadrato di Punnet con l'incrocio tra Cesare e Sabina:

	A	a
A	AA	Aa
a	Aa	aa

Il genotipo aa, omozigote recessivo, è letale nella vita fetale, quindi nei calcoli non va considerato e si opera su terzi. Pertanto, la probabilità che la bambina sia portatrice è di ⅔. Attenzione: per questa prima probabilità non bisogna moltiplicare per la probabilità che sia femmina, perché dal testo si capisce che il sesso del nascituro è conosciuto. Per quanto riguarda la seconda probabilità, invece, bisogna moltiplicare per ½, cioè la probabilità che il figlio sia maschio: $\frac{2}{3} \cdot \frac{1}{2} = \frac{1}{3}$.
Risposta corretta B.

5.3 GENETICA MENDELIANA

	Genotipo genitori	Genotipo figli	Fenotipo figli
I: legge della dominanza	AA e aa	Aa	A
II: legge della segregazione dei caratteri	Aa e Aa	AA, Aa, aa	A e a in rapporto 3:1
III: legge dell'assortimento indipendente	AaBb e AaBb	AABB, AABb, AAbb, aaBB, aaBb, Aabb, AaBb, aabb, AaBB	AB, Ab, aB, bb in rapporto 9:3:3:1

1° Legge della dominanza:

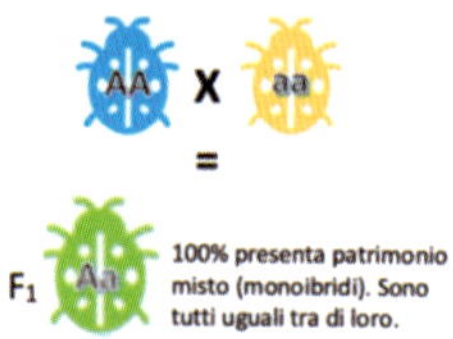

2° Legge della segregazione:

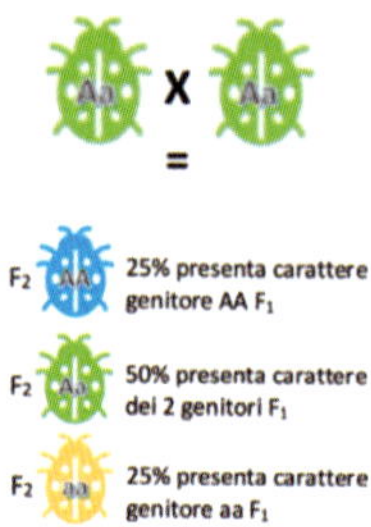

3° Legge dell'assortimento:

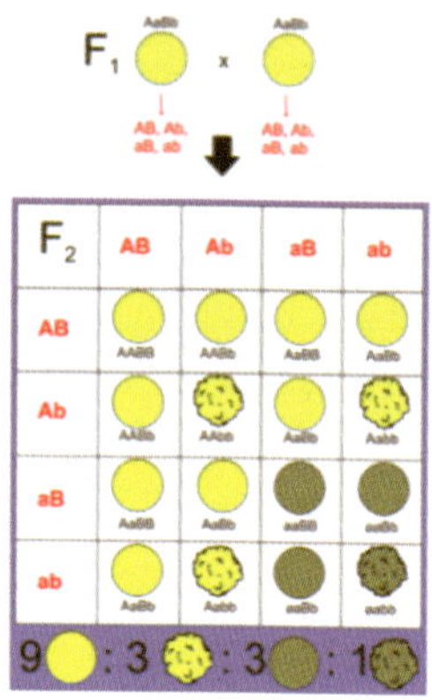

ESERCIZIO GUIDATO

Si incrociano due individui che possiedono genotipo DdEeffGg e DdeeFFGg, qual è la probabilità di ottenere individui eterozigoti per tutti e quattro i caratteri?
Qual è la probabilità di ottenere individui con lo stesso fenotipo del secondo individuo?

A. ⅛; 9/32
B. 9/32; 9/32
C. ⅛; 0
D. ⅛; ⅛
E. 9/32; 0

Non ci si deve spaventare dal fatto che ci sono 4 caratteri! Il quesito si può risolvere con 3 quadrati di Punnet separati (se ne possono fare anche 4, ma gli alleli D e G sono espressi allo stesso modo nei due individui).

	D	d
D	DD	Dd
d	Dd	dd

	E	e
e	Ee	ee
e	Ee	ee

	F	F
f	Ff	Ff
f	Ff	Ff

La probabilità di ottenere un individuo con tutti e quattro i caratteri eterozigoti è ½ (Dd e Gg), 1/1 (Ee) e 1 (Ff), quindi si moltiplicano queste frazioni perché questi caratteri eterozigoti si devono presentare contemporaneamente nello stesso individuo: ½ · ½ · 1 · ½ = ⅛. Il fenotipo del secondo individuo è dominante per tutti i caratteri, a parte per l'allele "E" per cui è recessivo, quindi nelle varie probabilità bisogna aggiungere sia gli omozigoti dominanti che gli eterozigoti:
¾ · ½ · 1 · ¾ = 9/32.
Risposta corretta A.

5.4 ECCEZIONI ALLE LEGGI DI MENDEL

- **Geni linked**: geni che segregano insieme (non in modo indipendente) durante la meiosi I
- **Allelia multipla**: un carattere è codificato **da più di due alleli** (es. gruppo sanguigno AB0)
- **Codominanza**: in un individuo eterozigote, due alleli si manifestano pienamente e **contemporaneamente** (es. globuli rossi con antigeni A e B nel soggetto di gruppo AB)
- **Dominanza incompleta**: in un individuo eterozigote, si manifesta un **fenotipo intermedio** tra i due alleli presenti (es. petali rosa con gli alleli rosso e bianco)
- **Pleiotropia**: un singolo gene controlla l'espressione di più caratteri
- **Eredità poligenica**: l'espressione di un carattere è regolata da più geni
- **Epistasi**: un gene (epistatico) influenza l'espressione di un altro gene (ipostatico)

ESERCIZIO GUIDATO

Roberta deve fare una trasfusione ad un paziente, ma non ne conosce il gruppo sanguigno, non c'è tempo per effettuare le analisi e mancano sacche di gruppo 0. Chiama al telefono i genitori del paziente e chiede loro il gruppo sanguigno: la madre dice di essere BB, ma è indecisa su chi sia il padre, il quale può essere A o AB. Quale gruppo può essere trasfuso al paziente senza rischio di emolisi?

A. A
B. AB
C. B
D. Nessuno dei precedenti
E. Il paziente sarà soggetto ad emolisi

Per risolvere il quesito è necessario fare i quadrati di Punnet per le varie situazioni: la madre è sicuramente B omozigote, mentre il padre può essere A omozigote, A eterozigote (non è specificato nel testo) oppure AB:

	B	B
A	AB	AB
0	B0	B0

	B	B
A	AB	AB
A	AB	AB

	B	B
A	AB	AB
B	BB	BB

Il paziente quindi può avere genotipo AB, B0 o BB e una trasfusione con il gruppo B è la più sicura, infatti i soggetti di gruppo AB sono riceventi universali.

Risposta corretta C.

5.5 CROMOSOMI

CARIOTIPO

È la descrizione del patrimonio genetico di un individuo con cui si identifica il numero di cromosomi e la loro forma.

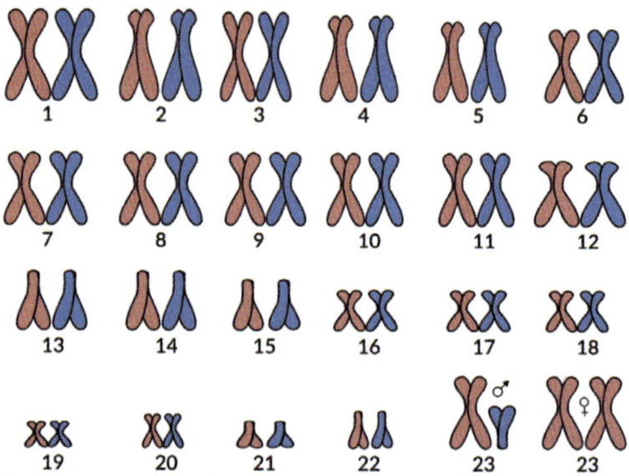

Autosomi o cromosomi non sessuali → espressi con i numeri arabi 1-22 in Homo sapiens
Eterosomi o cromosomi sessuali → X o Y, la loro combinazione determina il genere dell'individuo

ATTENZIONE PER IL TEST !

Nell'identificare il cariotipo di un individuo si utilizza questa dicitura

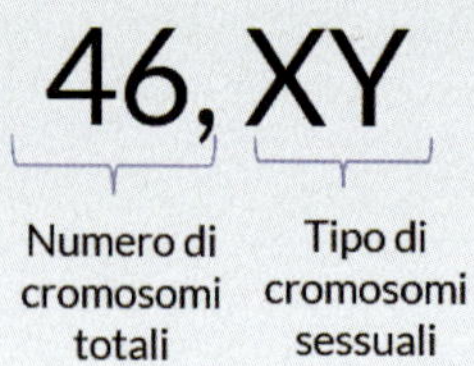

Corpo di Barr: cromosoma inattivo dal punto di vista trascrizionale. Il numero di corpi di Barr presenti in una cellula si calcola:

n° corpi di Barr = n° cromosomi X - 1

ESERCIZIO GUIDATO

Quale delle seguenti affermazioni è corretta?

A. Il corredo cromosomico aploide è presente in tutte le cellule somatiche
B. Il cariotipo umano viene fatto durante l'anafase del ciclo cellulare, momento in cui i cromosomi sono visibili separati
C. In un individuo affetto da sindrome di Klinefelter non sono presenti corpi di Barr
D. Il cariotipo è costituito da 22 coppie di autosomi e da 1 coppia di eterosomi
E. Un individuo affetto da trisomia del cromosoma X presenta 3 corpi di Barr

Il corredo cromosomico aploide, quindi costituito solamente dai 23 cromosomi materni o paterni, è presente solamente nei gameti maturi, le cellule somatiche sono cellule diploidi (risposta A errata). Il cariotipo umano viene fatto durante la metafase, fase in cui i cromosomi sono ben visibili lungo la piastra metafasica (risposta B errata). Un individuo affetto da sindrome di Klinefelter ha un cariotipo 47,XXY e presenta un corpo di Barr, nonostante sia uomo. Un individuo affetto da trisomia del cromosoma X ha un cariotipo 47,XXX e presenta 2 corpi di Barr. Un cariotipo normale è costituito da 22 coppie di autosomi, i cromosomi non sessuali e da 1 coppia di eterosomi, XX o XY.

Risposta corretta D.

5.6 MALATTIE GENETICHE

Trasmissione	Genotipo affetto	Differenze di genere	Esempi
Autosomica dominante	Omozigote dominante (AA) o eterozigote (Aa)	No	Acondroplasia Corea di Huntington
Autosomica recessiva	Omozigote recessivo (aa)	No	Fenilchetonuria Anemia falciforme Albinismo Fibrosi cistica
X-linked recessiva	Femmina: xx Maschio: xY	Maggiormente frequente nel genere maschile	Emofilia Daltonismo
X-linked dominante	Femmina: Xx o XX Maschio: XY	Maggiormente frequente nel genere femminile	Sindrome dell'X fragile

ESERCIZIO GUIDATO

Giacomo e Lucia aspettano un figlio. Nella famiglia è presente il gene dell'anemia falciforme: sia la madre di Giacomo che Lucia sono portatrici sane.
Qual è la probabilità che Giacomo e Lucia abbiano un figlio maschio affetto da anemia falciforme?

A. ⅛
B. ¼
C. 1/16
D. ⅝
E. Nessuna delle opzioni precedenti

Per prima cosa bisogna capire il genotipo di Giacomo: la madre è portatrice sana della malattia autosomica recessiva, mentre il padre è sano, dato che non ci sono ulteriori informazioni sul suo genotipo.
Il quesito chiede la probabilità di avere un figlio affetto, il quale sicuramente avrà ricevuto un allele malato dalla madre e uno dal padre: per questo motivo Giacomo deve essere portatore (Aa), altrimenti non avrebbe modo di passare l'allele malato al nascituro. La probabilità che Giacomo sia portatore NON si considera nei calcoli, perché questo è il genotipo che lui deve per forza avere. (Attenzione però! Nel caso in cui anche il padre fosse stato portatore, avremmo dovuto considerare il caso con Giacomo portatore sano Aa di probabilità ½ e il caso con Giacomo malato aa di probabilità ¼.)
Si disegna quindi il quadrato di Punnet con l'incrocio tra Giacomo e Lucia:

	A	a
A	AA	Aa
a	Aa	aa

La probabilità di avere un figlio affetto è di ¼ e la probabilità che quest'ultimo sia maschio è di ½. Queste due probabilità si moltiplicano perché sono dipendenti, ovvero devono avvenire contemporaneamente, quindi ¼ · ½ = ⅛.
Risposta corretta D.

5.7 ALBERO GENEALOGICO

Come affrontare l'albero genealogico:

- Identificare se la malattia è presente in tutte le generazioni: se è sempre presente, dovrebbe trattarsi di una trasmissione dominante, se non è sempre presente, probabilmente è recessiva
- Valutare se vi sono differenze di genere tra gli affetti:
  - La malattia è presente esclusivamente nei maschi → potrebbe essere Y-linked
  - La malattia è presente maggiormente nei maschi → potrebbe essere X-linked recessiva

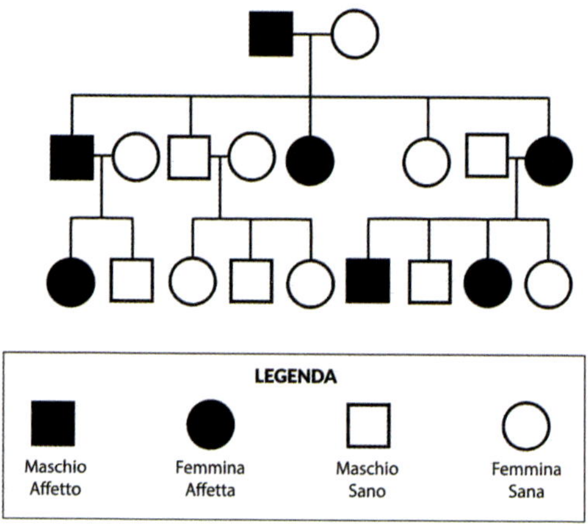

ESERCIZIO GUIDATO

È dato il seguente albero genealogico di una malattia autosomica recessiva.
Quale delle seguenti affermazioni è corretta?

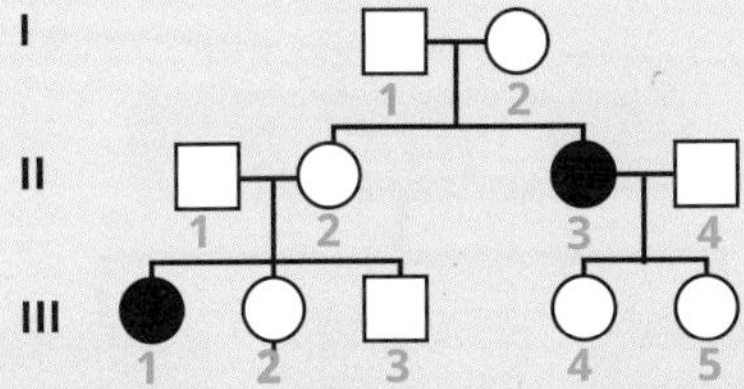

A. La patologia è X-linked recessiva, perché vi sono solamente femmine malate
B. 2 della generazione II ha il 50% di probabilità di essere portatrice sana
C. Indipendentemente dal genotipo di 4 della generazione II, le figlie sono necessariamente portatrici sane
D. Vi è il 50% di probabilità che sia 2 che 3 della generazione III siano portatrici sane
E. 1 della generazione II potrebbe essere omozigote dominante o eterozigote

La patologia rappresentata dall'albero non può essere X-linked recessiva perché i padri delle figlie malate sono sani; si può quindi concludere che la patologia è **autosomica recessiva**. 2 della generazione II ha una figlia malata quindi è portatrice sana; infatti, per avere una figlia malata (1 della generazione III) entrambi i genitori devono essere portatori, perchè la figlia riceve un allele malato da ciascun genitore. 1 e 2 della generazione II sono portatori sani e dal quadrato di Punnet risulta che vi è il 50% di probabilità di avere un figlio malato; la probabilità che entrambe le figlie siano malate è data da 1⁄2 · 1⁄2 = 1⁄4. 4 della generazione II può essere omozigote dominante o eterozigote: indipendentemente dal genotipo le figlie sono sicuramente portatrici sane, perché dagli incroci non vi è possibilità di prole omozigote dominante. Per risolvere gli esercizi con gli alberi genealogici un consiglio utilissimo è scrivere il possibile genotipo di ciascun individuo!
Risposta corretta C.

5.8 MUTAZIONI

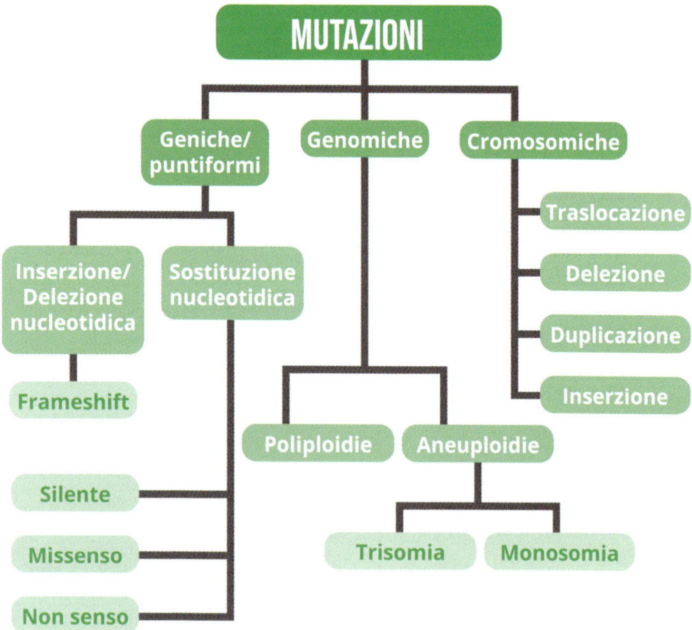

ESERCIZIO GUIDATO

Quale delle seguenti opzioni NON è una possibile conseguenza di una mutazione puntiforme?

A. La formazione di una proteina tronca
B. La duplicazione di una porzione di cromosoma
C. La sintesi di una proteina diverso
D. La sintesi della stessa proteina
E. Lo spostamento della cornice di lettura dell'mRNA

Le mutazioni puntiformi possono comportare la sintesi della stessa proteina nel caso in cui la mutazione sia silente, quindi, nonostante la modificazione, viene codificato lo stesso amminoacido (risposta D errata); una mutazione missenso codifica per un amminoacido diverso, determinando quindi la sintesi di una proteina diversa (risposta C errata). Nel caso in cui la mutazione comporti la formazione di una tripletta che codifica per un codone di stop (mutazione nonsenso), si viene a creare una proteina tronca (risposta A errata). Le mutazioni frameshift, infine, sono date dall'inserzione o dalla delezione di uno o più amminoacidi e questo comporta lo slittamento della cornice di lettura dell'mRNA (risposta E errata). Le mutazioni cromosomiche prevedono una variazione nella struttura dei cromosomi e comprendono le delezioni, le duplicazioni e le inversioni.
Risposta corretta B.

5.9 PROBLEMI DI GENETICA

MOLTIPLICAZIONE

Esempio: qual è la probabilità per una donna malata (eterozigote per una malattia autosomica dominante), che sposa un uomo sano, di avere tre figli maschi ***e*** malati?

1. Disegnare il quadrato di Punnet;

	A	a
a	Aa	aa
a	Aa	aa

2. Identificare la combinazione richiesta dall'esercizio;
   In questo caso, viene richiesto che i figli siano malati, P (malato), ovvero abbiano genotipo (Aa). La probabilità che si presenti questo genotipo è di 1/2. Il testo richiede anche che i figli siano maschi, la probabilità di questo evento, P (maschio), è di 1/2.
3. Siccome si parla di eventi indipendenti, la probabilità che un figlio sia, per esempio, maschio e malato è data dalla moltiplicazione tra le due probabilità appena individuate.
   P (malato) · P (maschio) = 1/2 · 1/2 = 1/4
4. Infine, per calcolare la probabilità di avere tre figli maschi e malati bisogna elevare la probabilità di 1/4 alla terza: $(1/4)^3$ ovvero 1/4 · 1/4 · 1/4 = 1/64. Stiamo parlando sempre di eventi indipendenti.

SOMMA

Esempio: una donna portatrice sana di una patologia autosomica recessiva, sposa un uomo eterozigote per lo stesso carattere. Qual è la probabilità che abbiano un figlio maschio e malato o una figlia femmina e sana?

1. Disegnare il quadrato di Punnet;

	A	a
A	AA	Aa
a	Aa	aa

2. Identificare la combinazione richiesta dall'esercizio;
   a. In questo caso, la prima richiesta è che un figlio sia maschio e malato. La probabilità che sia maschio, P (*maschio*), è 1/2, mentre la probabilità che sia malato, P (*malato*) è di 1/4 (genotipo aa). La probabilità che il figlio sia maschio e malato è quindi: P (*maschio*) · P (*malato*) = 1/2 · 1/4 = 1/8.
   b. La seconda richiesta è che una figlia sia femmina e sana. La probabilità che sia femmina, P (*femmina*), è di 1/2. La probabilità che sia sana, P (*sana*), è di 3/4 (genotipi AA e Aa). La probabilità che la figlia sia femmina e sana è quindi:
   P (*femmina*) · P (*sana*) = 1/2 · 3/4 = 3/8.
3. Siccome viene richiesto che si verifichi un evento o l'altro, si parla di eventi mutuamente esclusivi: per questo motivo le probabilità vanno sommate.
   P (*maschio e malato*) + P (*femmina e sana*) = 1/8 + 3/8 = 4/8 = 1/2.

ALMENO

Esempio: considerando l'incrocio aaBbCcDd x AaBbCCDd, qual è la probabilità che la progenie manifesti almeno un carattere recessivo?

1. Disegnare il quadrato di Punnet per ogni carattere.
   Qui è riportato solo per il carattere "A";

	A	a
a	Aa	aa
a	Aa	aa

2. Identificare la combinazione richiesta dall'esercizio;
   In questo caso veniva richiesto che il carattere fosse recessivo.
   P (*aa*) = 1/2, P (*bb*) = 1/4, P (*cc*) = 0, P (*dd*) = 1/4.
3. Siccome viene richiesto che almeno un carattere sia recessivo, si procede calcolando le probabilità che nessuno lo sia;
   - P (*AA o Aa*) = 1 - 1/2 = 1/2
   - P (*BB o Bb*) = 1 - 1/4 = 3/4
   - P (*CC o Cc*) = 1 - 0 = 1
   - P (*DD o Dd*) = 1 - 1/4 = 3/4

   Pertanto: P (nessuno recessivo) = 1/2 · 3/4 · 1 · 3/4 = 9/32
4. *P (almeno un recessivo)* = 1 - 9/32 = 23/32

ESERCIZIO GUIDATO

Mattia e Giovanna fanno delle analisi genetiche e scoprono di essere entrambi eterozigoti per il carattere che causa la fenilchetonuria. Giovanna inoltre scopre di essere anche portatrice sana di daltonismo. I due aspettano un figlio, qual è la probabilità che abbiano una bambina malata di fenilchetonuria o un bambino affetto da daltonismo?

A. ¼
B. 1/32
C. ¾
D. ⅜
E. 1/64

Per prima cosa disegniamo i quadrati di Punnet per le due patologie:

	A	a
A	AA	Aa
a	Aa	aa

	X	x
X	XX	Xx
Y	XY	xY

La probabilità che Mattia e Giovanna abbiano una figlia malata di fenilchetonuria è data da ¼ · ½ (probabilità che sia femmina) = ⅛. La probabilità che nasca un figlio affetto da daltonismo è ¼, il quadrato di Punnet disegnato sopra, infatti, considera già anche il sesso femminile; alternativamente si può considerare solo ½ (xY) · ½ (probabilità che sia maschio) = ¼. A questo punto le due probabilità vanno sommate, perchè il quesito chiede la probabilità che una delle due opzioni si avveri, non entrambe: ⅛ + ¼ = ⅜.
Risposta corretta D.

6. BIOENERGETICA

La bioenergetica è il capitolo che meglio calza per un formulario dopo una rapida introduzione al concetto di metabolismo, affronteremo riquadro per riquadro tutte le tappe della respirazione cellulare dalla glicolisi alla fosforilazione ossidativa; analogamente tratteremo anche la fotosintesi clorofilliana, che per numerosi aspetti ripercorre a ritroso la respirazione cellulare e che spesso si rivela essere un'importante fonte di punti preziosi al test!

6.1 METABOLISMO

Anabolismo	Reazioni che richiedono ATP (**endoergoniche**) e portano alla sintesi di molecole complesse a partire da altre più semplici
Catabolismo	Reazioni che liberano ATP (**esoergoniche**) degradando molecole complesse in frammenti più semplici

MONETA DI SCAMBIO ENERGETICO: ATP

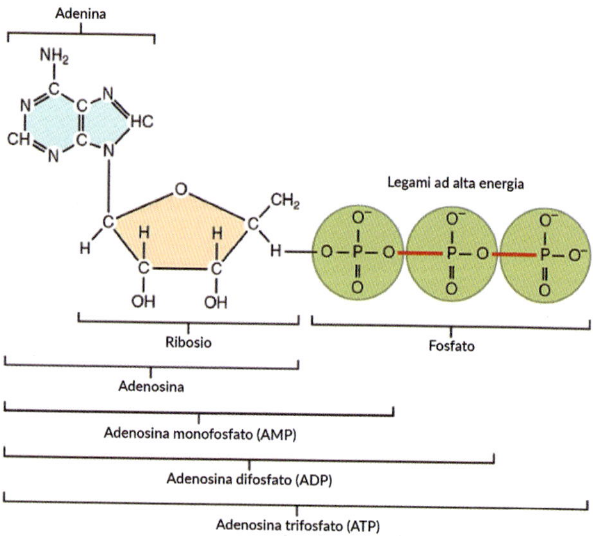

Coenzimi ossidoriduttivi:

- **NAD(P)H** + H^+ (*forma ridotta, "carica"*), **NAD(P)**$^+$ (*forma ossidata, "scarica"*)
- **FADH**$_2$ (*forma ridotta, "carica"*), **FAD** (*forma ossidata, "scarica"*)

ATTENZIONE PER IL TEST

!

Ossidazione → **aggiunta** di atomi di **ossigeno**
o **rimozione** di due **idrogeni**
es. $NADH + H^+ \rightarrow NAD+$ *oppure* $FADH_2 \rightarrow FAD$

Riduzione → **rimozione** di atomi di **ossigeno**
o **aggiunta** di due **idrogeni**
es. $NAD^+ \rightarrow NADH + H^+$ *oppure* $FAD \rightarrow FADH_2$

ESERCIZIO GUIDATO

All'interno della molecola di ATP, quale dei seguenti legami è quello a più elevato contenuto energetico?

A. Legame fosfo-anidridico
B. Legame fosfo-esterico
C. Legame β-glicosidico
D. Legame a idrogeno
E. Interazioni elettrostatiche della molecola

L'energia liberata da un legame chimico, è pari a quella necessaria per riformarlo, ed è proporzionale alla sua forza.
Nella molecola di ATP, i legami più forti sono quelli fosfodiesterici (ovvero i legami tra i fosfati), da cui viene liberata quando questi si rompono. Quando la cellula ha bisogno di energia, scinde questi legami tale per cui: ATP → ADP + P.
Oltre a questi, l'ATP contiene anche un legame fosfo-anidridico che unisce il primo fosfato con il ribosio, e uno β-glicosidico tra lo zucchero e l'adenina.
Risposta corretta B.

6.2 RESPIRAZIONE CELLULARE

Processo che trasferisce l'energia chimica dalla molecola di glucosio all'ATP, rendendola così adatta ad alimentare le reazioni endoergoniche necessarie al funzionamento cellulare. Dal punto di vista biochimico, la respirazione cellulare è un processo **catabolico** che porta all'ossidazione del glucosio.

Equazione globale della respirazione cellulare:
$C_6H_{12}O_6 \rightarrow 6\ CO_2 + 6\ H_2O$

GLICOLISI

Equazione globale della glicolisi:

$$\mathbf{C_6H_{12}O_6 + 2\ ADP + 2\ P_i + 2\ NAD^+ \rightarrow 2\ Piruvato + 2\ ATP + 2\ NADH + 2\ H^+ + 2\ H_2O}$$

Sede:
- **Eucarioti**: citosol
- **Procarioti**: citosol

Particolarità:
- Due fasi:
  - Fase di **investimento energetico** → il glucosio viene fosforilato (l'ATP è la fonte del fosfato) fino a formare il fruttosio-1,6-bisfosfato, successivamente viene ossidato a formare due molecole di gliceraldeide-3-fosfato.
    Durante questo processo si **consumano** 2 molecole di ATP.
  - Fase di **guadagno energetico** → la molecola di gliceraldeide-3-fosfato si ossida gradualmente in acido piruvico, la sua defosforilazione porta alla **sintesi netta** di **2** molecole di **ATP**.

FERMENTAZIONE

In assenza di O_2, la respirazione cellulare **non** prosegue dopo la glicolisi (che quindi sarà l'unica fonte diretta di ATP), ma accumula NADH che, con la fermentazione, viene riossidato a NAD^+. Ne esistono due tipi:

Lattica:

*Equazione globale della fermentazione lattica (per **una** molecola di glucosio)*:

$$\textbf{2 Piruvato + 2 NADH} \rightarrow \textbf{2 Lattato + 2 NAD}^+$$

Sede:

- **Eucarioti**: citosol
- **Procarioti**: citosol

Particolarità:

- Enzima: *lattato-deidrogenasi* (**LDH**)
- Unica fonte energetica degli **eritrociti**, in quanto sprovvisti di mitocondri
- Principale fonte metabolica di alcuni **batteri**

Alcolica:

*Equazione globale della fermentazione alcolica (per **una** molecola di glucosio)*:

$$\textbf{2 Piruvato + 2 NADH}$$
$$\rightarrow \textbf{[2 Acetaldeide + 2 CO}_2\textbf{]} \rightarrow \textbf{2 Etanolo + 2 NAD}^+$$

Sede:

- **Eucarioti**: citosol
- **Procarioti**: citosol

Particolarità:

- Acetaldeide e CO_2 sono prodotti intermedi
- Enzimi: *piruvato-decarbossilasi* (per "togliere" CO_2) dal piruvato, *alcol-deidrogenasi*

- Principale fonte metabolica di alcuni funghi, tra cui i **lieviti**, che l'essere umano sfrutta per produrre bevande alcoliche (birra, vodka...)

DECARBOSSILAZIONE OSSIDATIVA

Equazione globale della decarbossilazione ossidativa (per una molecola di glucosio):

$$\mathbf{2\ Piruvato + 2\ NAD^+ + Coenzima\ A\ (CoA) \rightarrow 2\ Acetil\text{-}CoA + 2\ CO_2 + 2\ NADH}$$

Sede:

- **Eucarioti**: **matrice mitocondriale**, in prossimità della membrana mitocondriale interna
- **Procarioti**: **citosol**, in prossimità della membrana cellulare

Particolarità:

- Il NADH ottenuto andrà in seguito a creare energia sottoforma di ATP (tramite la fosforilazione ossidativa)
- Necessita la presenza di mitocondri e ossigeno (l'ossigeno non è direttamente coinvolto nella reazione, ma serve a riossidare i NADH carichi, rendendo disponibile il NAD^+

CICLO DI KREBS

Il ciclo di **Krebs** (o ciclo dell'acido citrico o degli acidi tricarbossilici) è un ciclo **anfibolico** su cui conver-gono molte vie (respirazione cellulare, β-ossidazione...).
Il ciclo porta all'ossi-dazione completa dell'acetil-CoA, con la liberazione di due molecole di CO_2.

N.B. Essendo un ***ciclo****, non vi è un'equazione globale, ma qui di seguito troverai i reagenti e i prodotti da ricordare per il test (per ogni* ***ciclo****)*:

- *Reagenti*: **acetil-CoA, 2**$\mathbf{H_2O}$
- *Prodotti*: **2** $\mathbf{CO_2}$

- *Energia ottenuta*:
  - **1** GTP (→ **ATP**)
  - **3 NADH**
  - **1 $FADH_2$**

Sede:
- **Eucarioti**: matrice mitocondriale
- **Procarioti**: citosol

Particolarità:
- Il $FADH_2$ e i NADH ottenuti andranno in seguito ad alimentare l'accumulo di energia sottoforma di ATP
- Il GTP prodotto andrà in seguito convertito in ATP
- Necessita di mitocondri e ossigeno
- 8 passaggi totali

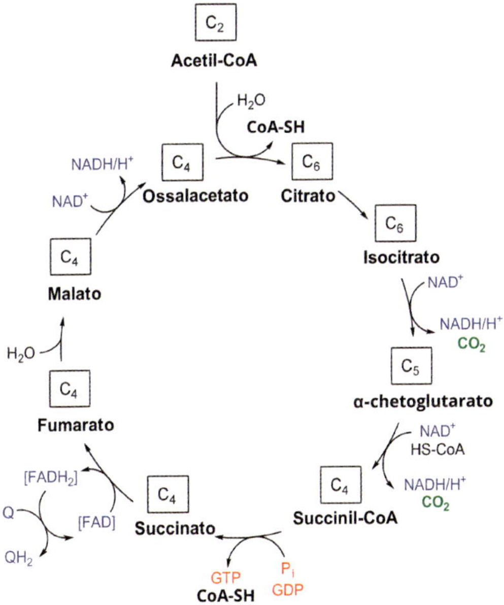

ESERCIZIO GUIDATO

Quale dei seguenti processi è una reazione endoergonica?

A. Ciclo di Krebs
B. Decarbossilazione ossidativa
C. Glicogenolisi
D. Fermentazione lattica
E. Glicolisi

Una reazione endoergonica per avvenire ha bisogno di energia, che può essere immagazzinata in ATP, NADH o $FADH_2$. Inoltre le reazioni endoergoniche sono processi anabolici, con formazione di molecole più complesse. Tra le opzioni potevamo escludere quelle che fanno parte della respirazione cellulare, che prevede l'ossidazione del glucosio per produrre energia: glicolisi, decarbossilazione ossidativa e ciclo di Krebs, tutte, infatti, liberano ATP e coenzimi ridotti. La glicogenolisi è il processo per cui il glicogeno viene scisso in molecole di glucosio ed è un processo catabolico che libera energia. La fermentazione lattica, invece, ha lo scopo di ossidare i coenzimi ridotti: il NADH cede energia per convertire il piruvato in lattato, diventando così NAD^+.

Risposta corretta D.

CATENA DI TRASPORTO DEGLI ELETTRONI

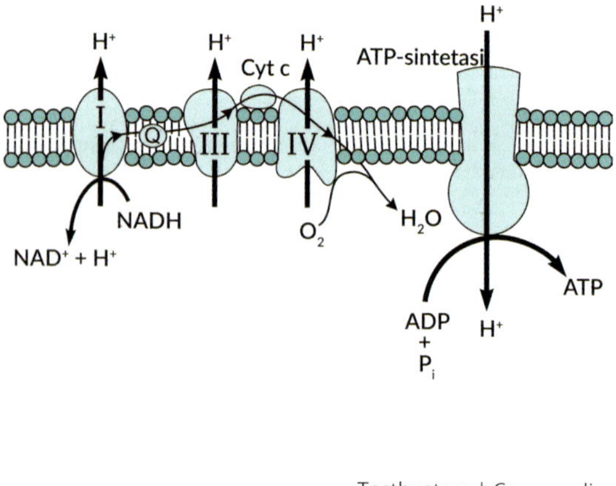

N.B. Anche per la catena di trasporto non vi è una vera e propria equazione globale, pertanto verranno elencati reagenti e prodotti più significativi:

- *Reagenti*: NADH, $FADH_2$, O_2
- *Prodotti*: NAD^+, FAD, H_2O

Sede:

- **Eucarioti**: membrana mitocondriale interna
- **Procarioti**: membrana cellulare (e parete cellulare)

Quanta energia si ottiene?

- **Eucarioti**: **36 ATP**; la differenza con i procarioti è data dal fatto che gli eucarioti devono "spendere" 2 ATP per "trasportare" il potenziale riducente dei 2 NADH prodotti dalla glicolisi all'interno del mitocondrio
- **Procarioti**: **38 ATP**; l'intera respirazione cellulare si svolge nello stesso ambiente, il citosol

Particolarità:

- Negli eucarioti vi sono 4 complessi proteici di membrana, tra cui i citocromi
- Necessita la presenza di mitocondri (per gli eucarioti) e ossigeno
- Gli elettroni viaggiano dai coenzimi ridotti (che si ossidano), attraverso i complessi proteici fino all'O_2 (che si riduce ad H_2O), il quale è l'accettore finale degli elettroni
- L'energia chimica contenuta nei coenzimi si trasforma in gradiente elettrochimico a cavallo della membrana mitocondriale interna

Termogenesi

In condizioni normali, il **38%** dell'energia prodotta viene trasformata in ATP, ovvero in energia utile; tutto il resto invece viene trasformato in calore.
In caso di necessità, possiamo rilasciare molta più energia come calore: è quanto avviene nella termogenesi.

Sede: tutte le cellule, soprattutto nel **tessuto adiposo bruno**
Stimolato da: ormoni tiroidei, catecolammine, veleni

Tutte queste sostanze agiscono favorendo la sintesi di proteine disaccoppianti, come la ***termogenina***.
Tutte queste proteine creano dei pori /canali a livelli della MMI: in questo modo, gli H^+ pompati nello spazio intermembrana attraverso questi canali, invece di passare attraverso l'ATP sintasi.
Questo processo prende il nome di **disaccoppiamento della catena degli elettroni**.
Così l'energia contenuta nei coenzimi ridotti non viene più immagazzinata nella molecola ATP, ma viene liberata sotto forma di calore

FOSFORILAZIONE OSSIDATIVA

La differenza di potenziale elettrochimico è sfruttata dall'**ATP-sintasi**, una "turbina" molecolare che sintetizza ATP sfruttando il flusso di protoni che tornano nella matrice.

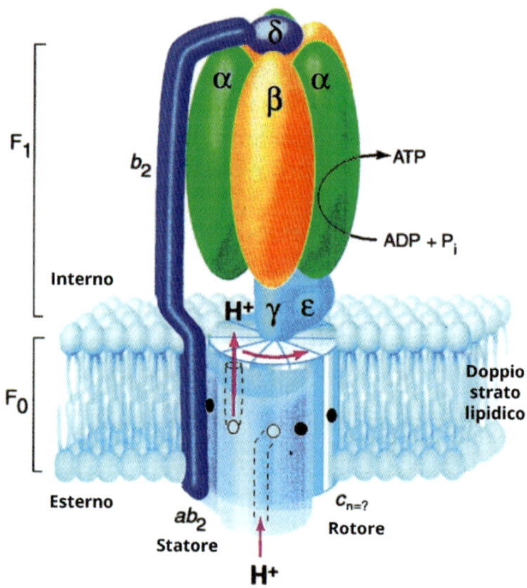

1 NADH → 2,5 ATP ~ **3 ATP**

1 $FADH_2$ → 1,5 ATP ~ **2 ATP**

Sede:

- **Eucarioti**: membrana mitocondriale interna
- **Procarioti**: membrana cellulare

Particolarità:

- Se si tenesse conto della proporzione corretta (1 NADH = 2,5 ATP e 1 $FADH_2$ = 1,5 ATP) la resa energetica per **una** molecola di glucosio sarebbe:
  - Per gli **eucarioti**: **32 ATP**
  - Per i **procarioti**: **34 ATP**

- Se invece si tiene conto della proporzione, più usata a fini didattici, (1 NADH = 3 ATP e 1 $FADH_2$ = 2 ATP), la resa energetica per **una** molecola di glucosio risulta essere:
  - Per gli **eucarioti**: **36 ATP**
  - Per i **procarioti**: **38 ATP**

6.3 TABELLA RIASSUNTIVA

(*considerando una cellula* **eucariotica**, *per* **una** *molecola di glucosio*)

Processo	Sede	CO_2	ATP	NADH	$FADH_2$
Glicolisi	Citosol	0	2	2	0
Decarbossilazione ossidativa	Matrice mitocondriale	2	0	2	0
Ciclo di Krebs	Matrice mitocondriale	4	2	6	2
Bilancio parziale		***6***	***4***	***10***	***2***
Fosforilazione ossidativa	Membrana mitocondriale interna	/	**4**	**10 · 3 = 30 ATP**	**2 · 2 = 4 ATP**
Bilancio totale		**4 + 30 + 4** = **38 ATP** - 2 ATP (per trasporto NADH) = **36 ATP**			

6.4 FOTOSINTESI CLOROFILLIANA

Processo che converte l'energia elettromagnetica della luce in energia chimica; si svolge nei **cloroplasti**. Dal punto di vista biochimico, la fotosintesi clorofilliana è un processo **anabolico** volto alla produzione di glucosio.

Equazione globale della fotosintesi clorofilliana:

$$6\ CO_2 + 6\ H_2O \rightarrow C_6H_{12}O_6$$

Sede: **cloroplasti**

Particolarità:

- Processo **endoergonico**, utilizza CO_2, H_2O ed energia solare
- Si divide in due fasi:
  1. **Luce-dipendente** (luminosa)
  2. **Luce-indipendente** (oscura)

ATTENZIONE PER IL TEST !

Con la fotosintesi si produce glucosio, che deve poi essere ossidato durante la respirazione cellulare per ottenere energia, quindi negli organismi **autotrofi** la produzione di energia avviene in due step:

1. **Fotosintesi clorofilliana → Glucosio**
2. **Respirazione cellulare → Energia**

FASE LUCE-DIPENDENTE

Equazione globale della fase luce-dipendente:

$$2\ H_2O + ADP + P_i + 2\ NADP^+ \rightarrow O_2 + ATP + 2\ NADPH + 2H^+$$

Sede: **tilacoidi** dei cloroplasti

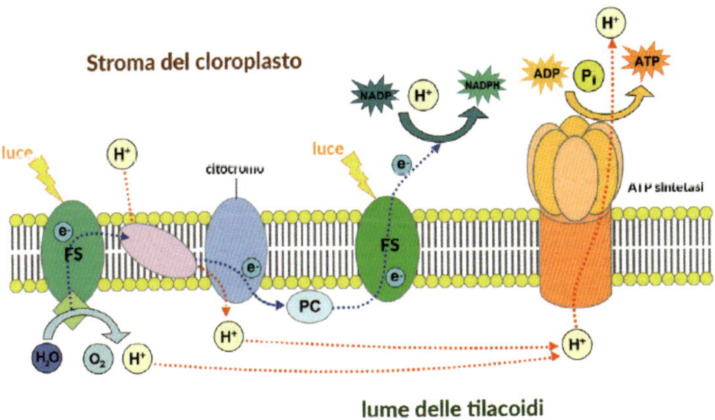

Particolarità:

- Sfrutta l'energia elettromagnetica (luminosa) per sintetizzare **ATP** e **NADPH**, necessari in seguito per la fase luce-indipendente
- Vi sono due **fotosistemi** contenenti vari **pigmenti fotosintetici** che "intrappolano" l'energia fotonica del sole
- Processo *simile* alla catena di trasporto degli elettroni

FASE LUCE-INDIPENDENTE (O CICLO DI CALVIN)

Sede: **stroma** dei cloroplasti

Particolarità:

- Sfrutta **ATP** e **NADPH** per sintetizzare glucosio
- Può avvenire sia in **presenza** che in **assenza** di luce
- È un processo **ciclico anabolico** che porta a ottenere **glucosio** a partire da ribulosio-1,5-difosfato (RuBP, 5 atomi di C) e CO_2 (1 atomo di C) grazie all'enzima **RuBisCo**
- Si serve degli **ATP** e dei **NADPH** prodotti nel corso della fase luce-dipendente, i quali verranno ri-ossidati a **$NADP^+$** e **ADP + P_i**

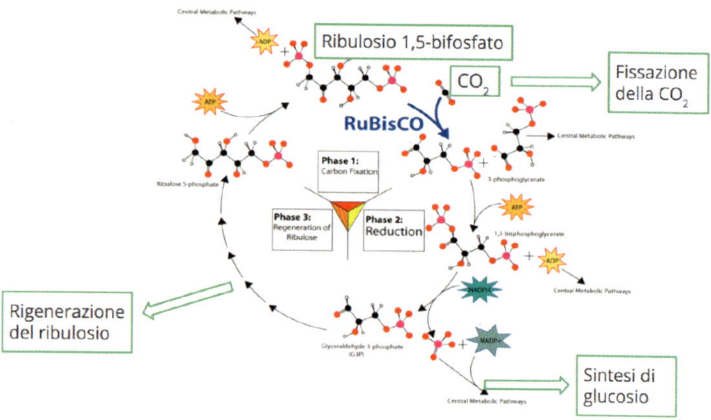

ESERCIZIO GUIDATO

Luca, maratoneta esperto, per poter sostenere lo sforzo consuma 15 molecole di glucosio al secondo.
Considerando solo la resa dei NADH, quante molecole di ATP produce Luca al secondo?

A. 540
B. 450
C. 270
D. 30
E. 18

Cominciamo considerando la resa di una sola molecola di glucosio, ricordandoci che, dalla glicolisi in poi, tutti i risultati devono essere raddoppiati, poiché lavoriamo con i piruvati. Dato che il quesito si concentra esclusivamente sui NADH, le reazioni che lo producono sono:

- Glicolisi → **2** NADH
- Decarbossilazione ossidativa → 1 NADH per piruvato, ovvero 2 NADH per molecola di glucosio
- Ciclo di Krebs → 3 NADH per ogni molecola di Acetil-CoA che entra nel ciclo, che diventano **6** considerando la molecola di glucosio iniziale.

Otteniamo così 10 NADH totali.
Sapendo che 1 molecola di NADH corrisponde a circa 3 ATP, durante la fosforilazione ossidativa ricaviamo ben **30 ATP** dalla sola energia ceduta da questi coenzimi.
A questo punto, dobbiamo moltiplicare il risultato ottenuto da una singola molecola per 15; per cui 30 · 15 = 450.
Così Luca, dai NADH ottenuti dalla combustione delle 15 molecole di glucosio, produce **450 ATP**.
Risposta corretta B.

7. ISTOLOGIA E EMBRIOLOGIA

L'istologia e l'embriologia risultano spesso difficili da memorizzare per l'elevato quantitativo di termini da ricordare. Per questo motivo, abbiamo deciso di stimolare la tua memoria visiva inserendo diverse immagini riassuntive nella sezione di embriologia. Al contrario, nelle pagine dedicate all'istologia troverai diversi schemi e grafici che ti consentiranno di far ordine e imparare sistematicamente la classificazione dei diversi tessuti.

7.1 EMBRIOLOGIA

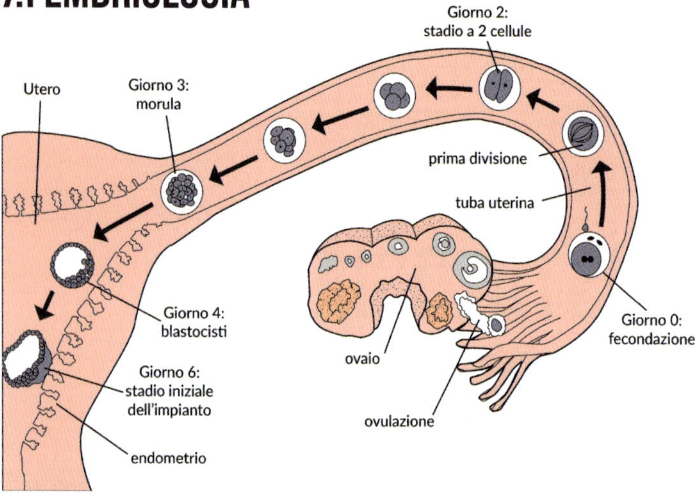

Fecondazione (giorno 0) → **Segmentazione** → **Morula (giorno 3)** → **Blastocisti (giorni 4)** → **Impianto (giorno 6)** → **Gatrulazione (giorno 15)**

Ectoderma	Mesoderma	Enoderma
• Tessuti epiteliali di rivestimento • Epidermide • Sistema nervoso e organi di senso • Smalto dei denti • Midollare del surrene • Cornea e cristallino	• Tessuti connettivi • Derma • Sistema muscolare • Sistema scheletrico • Sistema linfatico • Apparato cardiocircolatorio • Polpa dentaria • Rene e apparato escretore • Corticale del surrene • Gonadi	• Apparato digerente • Fegato • Pancreas • Polmoni • Vescica • Tiroide e paratiroidi • Gameti

7.2 ISTOLOGIA

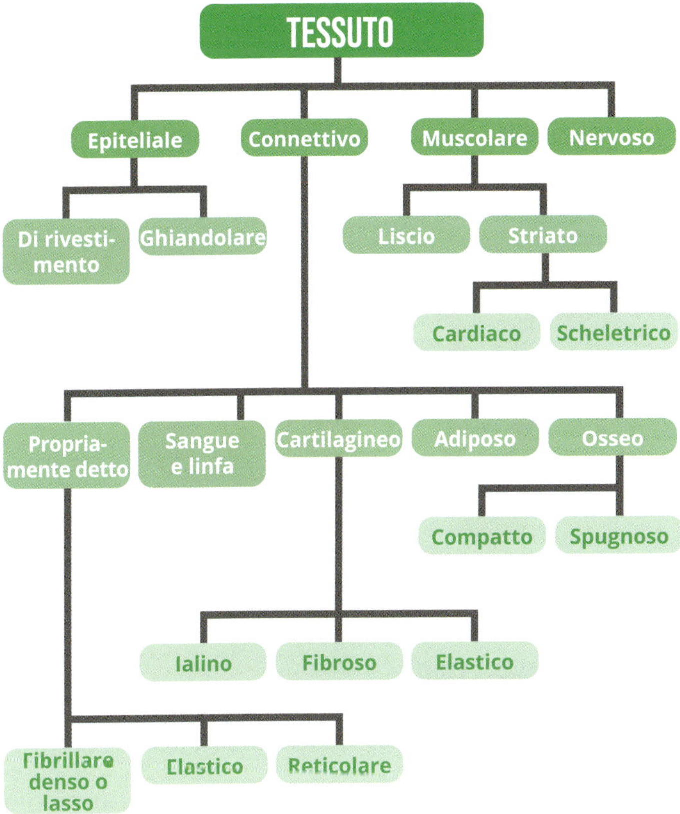

TESSUTO EPITELIALE

- **Di rivestimento** (non vascolarizzato)
- **Ghiandolare**
  - **Ghiandole esocrine** → secernono muco/enzimi/ioni, presentano un dotto escretore
  - **Ghiandole endocrine** → secernono ormoni direttamente nel circolo sanguigno

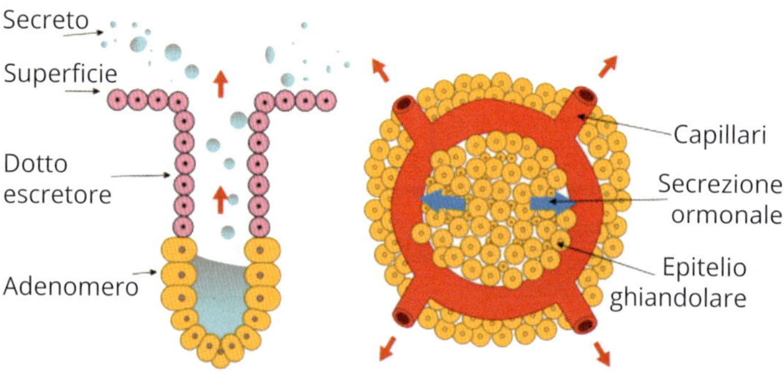

N.B. I tessuti epiteliali NON sono vascolarizzati.

TESSUTO CONNETTIVO

- **Tessuto adiposo bianco** → uniloculare, implicato nell'accumulo di grassi
- **Tessuto adiposo bruno** → multiloculare, implicato nel processo di termogenesi

	Composizione	Funzione	Localizzazione
Cartilagine ialina	Equilibrio di fibre collagene e proteoglicani	Permette lo scorrimento dei capi articolari	Articolazioni, anelli tracheali
Cartilagine elastica	Maggioranza fibre elastiche	Sostegno	Epiglottide, padiglione auricolare
Cartilagine fibrosa	Maggioranza fibre collagene	Ammortizza-zione	Dischi intercalari
Osseo compatto	Lamelle disposte in strati concentrici	Sostegno e movimento	Diafisi delle ossa lunghe e l'esterno delle ossa brevi e piatte
Osseo spugnoso	Lamelle organizzate in trabecole ossee	Sostegno e movimento, accoglie midollo osseo rosso (emopoietico)	Epifisi delle ossa lunghe e interno delle ossa brevi e piatte

FORMULA LEUCOCITARIA

MNEMOFRASE TB

Concentrazione dei leucociti in ordine decrescente
Never **L**et **M**onkeys **E**at **B**ananas
→ **N**eutrofili, **L**infociti, **M**onociti, **E**osinofili, **B**asofili

TESSUTO MUSCOLARE

CONTRAZIONE MUSCOLARE

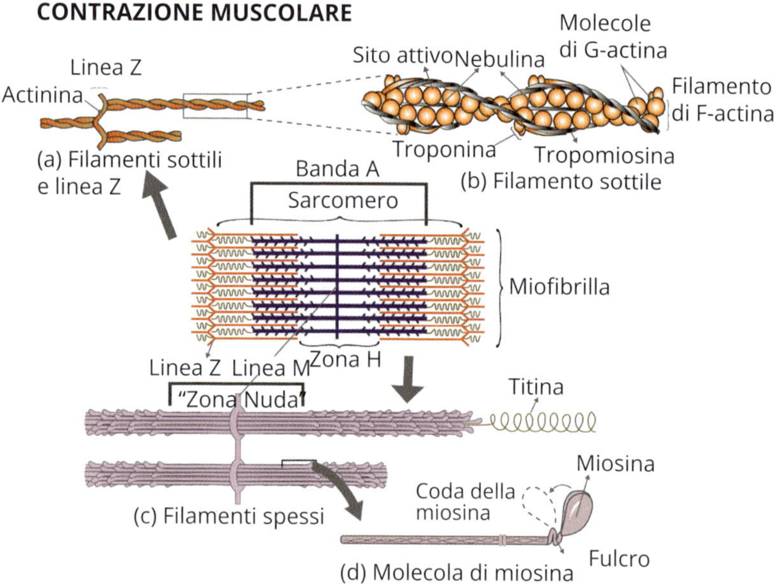

Organizzazione del sarcomero

Ruolo dell'ATP nella Contrazione:

- ADP + Pi legati alla Miosina = Caricamento dell'Energia
- ADP legato alla Miosina e Rilascio di Pi = Colpo di Frusta
- ATP legato alla Miosina = Distacco dall'Actina

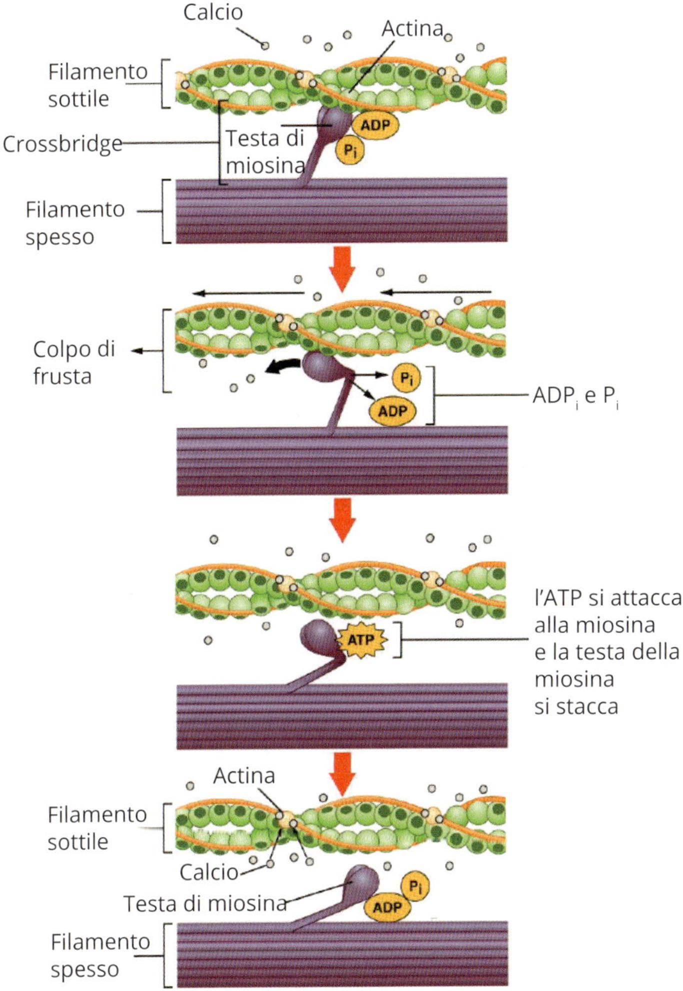

Ciclo di legame actina-miosina

TESSUTO NERVOSO

POTENZIALE D'AZIONE

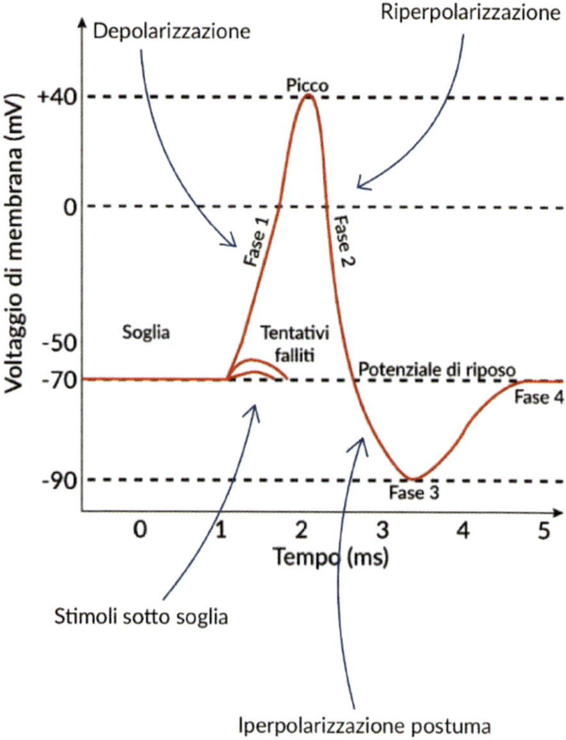

N.B. I neuroni hanno potenziale di riposo di **-70mV**

ATTENZIONE PER IL TEST

Durante la **depolarizzazione** si ha l'apertura dei canali del sodio con ingresso di **ioni Na^+**
Durante la **ripolarizzazione** si ha l'apertura dei canali del potassio con fuoriuscita di **ioni K^+**

Sinapsi chimiche	Sinapsi elettriche
Neuroni pre- e post-sinaptico separati dallo **spazio intersinaptico**, passaggio di **neurotrasmettitori**	**Giunzioni gap** fanno passare **ioni Ca^{2+}**
Vi è una **direzione preferenziale** (da vescicole ai recettori)	Trasmissione rapida e **bidirezionale**
Possono **integrare e modulare** le informazioni trasmesse	Permettono di **sincronizzare** cellule vicine
Motoneurone	Dischi intercalari dei cardiomiociti

ESERCIZIO GUIDATO

Quale tra queste affermazioni risulta FALSA?

A. Il potenziale d'azione è una repentina ma transitoria variazione del potenziale di membrana
B. I macrofagi del tessuto osseo, noti come osteoclasti, costituiscono un sincizio anatomico
C. L'aorta è ricca di tessuto muscolare per resistere alle alte pressioni del flusso
D. Il parenchima ghiandolare è associato allo stroma con funzione trofica
E. La C e la D

La risposta A è vera in quanto definizione del Potenziale di Azione. Dalla fusione di una o più cellule si viene a creare un sincizio anatomico, o sincizio vero: è il caso dei miociti del muscolo scheletrico e dei macrofagi polinucleati noti come osteoclasti, ricchi di lisosomi e deputati all'assorbimento del tessuto osseo. Nel caso dei cardiomiociti si parla di sincizio funzionale, ossia cellule che lavorano all'unisono grazie alla presenza di gap junctions. Risposta B vera. Il parenchima è l'unità funzionale di un tessuto, nel caso delle ghiandole è associato ad un tessuto connettivo di sostegno (stroma) con funzione trofica. Risposta D vera. Quando si parla di arterie bisogna tenere a mente che calibro ed elasticità decrescono dall'aorta verso la periferia, quindi l'arteria ha molta componente elastica e viceversa le arteriole sono ricche di tessuto muscolare. Il testo ci chiede la risposta FALSA.
Risposta corretta C.

8. ANATOMIA E FISIOLOGIA

L'anatomia e la fisiologia rappresentano potenzialmente un capitolo immenso: una preparazione sostenibile per il test, più che nel memorizzare ogni dettaglio (opera mastodontica), consiste nel scegliere accuratamente le informazioni su cui concentrarsi. Questa è stata la nostra stella polare nella creazione di questo capitolo: riunire qui la maggior parte delle nozioni che è bene riporre in saccoccia nel cammino verso il test!

8.1 APPARATO CARDIOCIRCOLATORIO

Diastole → rilassamento del ventricolo, apertura delle valvole atrio-ventricolare
Sistole → contrazione del ventricolo, apertura delle valvole semilunari

	Vene	Arterie
Tonaca intima	Endotelio + connettivo sottostante	Endotelio + connettivo sottostante
Tonaca media	Tessuto connettivo elastico e tessuto muscolare liscio Poco sviluppata	Tessuto connettivo elastico e tessuto muscolare liscio Molto sviluppata
Tonaca avventizia	Tessuto connettivo denso Molto sviluppata	Tessuto connettivo denso Poco sviluppata

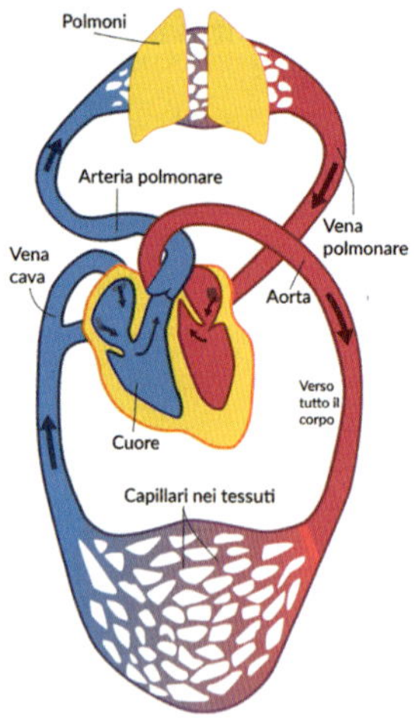

Grande circolazione (sistemica)
Permette il trasporto di sangue ossigenato ai tessuti periferici. Origina dal ventricolo sinistro e termina nell'atrio destro.

Piccola circolazione (polmonare)
Permette il trasporto di sangue deossigenato ai polmoni. Origina dal ventricolo destro e termina nell'atrio sinistro.

ATTENZIONE PER IL TEST

Il nutrimento del tessuto cardiaco è permesso dalla **circolazione coronarica**. Le arterie coronarie hanno origine dalla porzione iniziale dell'aorta.

N.B. I miocardiociti possiedono un solo nucleo e sono uniti tra loro attraverso giunzioni specializzate chiamate dischi intercalari.

ESERCIZIO GUIDATO

Durante la vita fetale la circolazione polmonare viene bypassata: i polmoni, non essendo a contatto con l'aria, non sono in grado di svolgere le loro funzioni.
Indica quale delle seguenti affermazioni è corretta:

A. La porzione destra del cuore è collassata: durante la vita fetale atrio e ventricolo destro non vengono usati.
B. È presente un foro che consente il passaggio di sangue dall'atrio destro a quello sinistro.
C. Il cuore del feto non ha funzione di pompa: è un organo che si attiverà alla nascita.
D. È presente un foro che consente il passaggio di sangue dal ventricolo destro a quello sinistro.
E. Nessuna delle precedenti

Durante la vita fetale è presente un forame detto **forame ovale** che consente il passaggio di sangue ossigenato (proveniente dalla circolazione materna) dall'atrio destro a quello sinistro. In questo modo non verranno coinvolti i polmoni ancora non pienamente sviluppati. Alla nascita, con il contatto del nascituro con l'aria, i polmoni si dilatano e sono pronti a svolgere le loro funzioni. Il forame a questo punto si chiuderà autonomamente.
Risposta corretta B.

8.2 APPARATO RESPIRATORIO

Vie aeree superiori:
cavità nasale/buccale → faringe → laringe

Vie aeree inferiori:
trachea → bronchi → bronchioli → alveoli polmonari

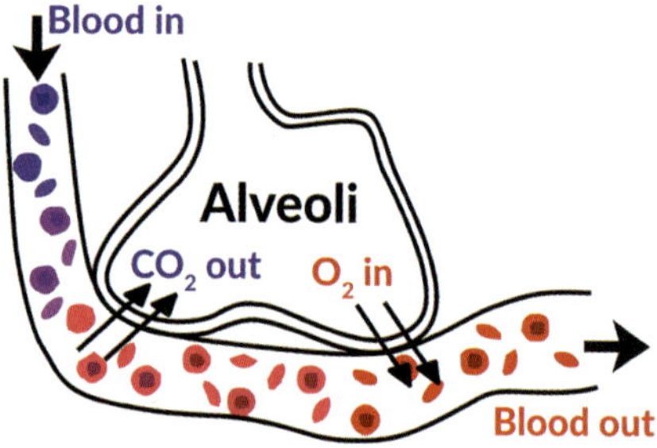

ATTENZIONE PER IL TEST

Gli scambi gassosi avvengono per **gradienti di pressione parziale** dei gas nel sangue e nel polmone: il sangue che arriva dall'arteria polmonare presenta poco O_2 e molta CO_2, l'alveolo presenta molto O_2 e poca CO_2

La CO_2 viaggia nel sangue soprattutto sotto forma di ione bicarbonato, che sta alla base del **sistema tampone ematico**. Questo sistema mantiene il pH in un range tra 7,35 e 7,45.

$$CO_2 + H_2O \underset{}{\overset{\text{Carbonato deidratasi}}{\rightleftharpoons}} H_2CO_3 \rightleftharpoons HCO_3^- + H^+$$

Anidride carbonica + acqua — **Acido carbonico** — **ione idrogenocarbonato + ione idrogeno**

8.3 APPARATO DIGERENTE

	Cavo orale (bolo)	Stomaco (chimo)	Duodeno (chilo)	Intestino tenue	Intestino crasso
Carboidrati	Amilasi salivare (ptialina)	✗	Amilasi pancreatica	✓	✗
Proteine	✗	Pepsina	Tripsina	✓	✗
Lipidi	Lipasi linguale	Lipasi	Sali biliari e lipasi pancreatica	✓	✗
Vitamine	✗	✗	✗	✓	✓

Fegato → ghiandola anficrina, secerne la **bile** che aiuta la lipasi nell'emulsione dei grassi. La bile viene accumulata nella **cistifellea** e riversata nel **coledoco**, che sbocca nel duodeno.
Pancreas → ghiandola anficrina:

- **Acini pancreatici** (esocrina) → succo pancreatico con **enzimi digestivi** (amilasi, lipasi, tripsina)
- **Isole di Langerhans** (endocrina) → glucagone (cellule α), insulina (cellule β)

Le cellule β producono insulina e le α glucagone:

- α, una vocale, si associa a una consonante (g)
- β, una consonante, si associa a una vocale (i)

8.4 APPARATO URINARIO

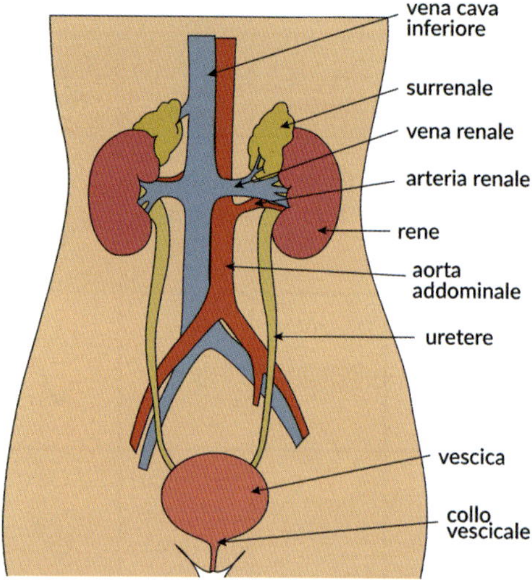

ATTENZIONE PER IL TEST

Filtro → rene
Canale di espulsione → vie urinarie

Gli **ureteri** collegano la pelvi renale alla vescica mentre l'**uretra** collega la vescica con l'esterno.

Tubulo contorto prossimale	Ansa di Henle (parte discendente)	Ansa di Henle (parte ascendente)	Tubulo contorto distale	Dotto collettore
Nutrienti organici, proteine, acqua ed elettroliti	Permeabile all'acqua, impermeabile ai soluti → riassorbimento di acqua	Permeabile ai soluti e impermeabile all'acqua → riassorbimento di soluti	Sodio, ioni bicarbonato e cloro (sensibile all'**aldosterone**)	Riassorbimento dell'acqua (sensibile alla **vasopressina**)

N.B. L'aldosterone è prodotto dalla corticale del surrene mentre la vasopressina dall'ipotalamo.

Funzione endocrina del rene:

- **Renina** → converte l'angiotensinogeno in angiotensina I (viene convertita in angiotensina II dall'enzima ACE)
- **Eritropoietina** → stimola eritropoiesi

8.5 SISTEMA ENDOCRINO

	Sito di produzione	Target	Effetto finale:
TSH	Adenoipofisi	Tiroide	Rilascio ormoni tiroidei (T_3 e T_4)
ACTH	Adenoipofisi	Corticale del surrene	Rilascio glucocorticoidi (cortisolo e androgeni)
FSH e LH	Adenoipofisi	Gonadi	Rilascio testosterone (testicoli) ed estrogeni (ovaie)
Prolattina (PRL)	Adenoipofisi	Ghiandola mammaria	Produzione latte materno
GH	Adenoipofisi	Ossa e muscoli	Stimola l'accrescimento
MSH	Adenoipofisi	Melanociti	Melanina (pigmento cutaneo)
Ossitocina	Neuroni dell'ipotalamo (secreta dalla neuroipofisi)	Utero (feedback positivo)	Dilatazione della cervice e contrazione del miometrio uterino
Vasopressina (ADH)	Neuroni dell'ipotalamo (secreta dalla neuroipofisi)	Dotto collettore (rene)	Riassorbimento di acqua
Aldosterone	Corticale del surrene	Tubulo contorto distale (rene)	Riassorbimento di ioni (sodio e cloro) e acqua
Insulina	Cellule β del pancreas endocrino	Tessuti insulino-dipendenti (t. muscolare e t. adiposo)	Riassorbimento di glucosio dal sangue (abbassa glicemia)

	Sito di produzione	Target	Effetto finale:
Glucagone	Cellule α del pancreas endocrino	Cellule del fegato	Rilascio di glucosio nel sangue (alza glicemia)
Paratormone	Paratiroidi	Ossa, intestino e rene	Stimola demolizione matrice ossea e riassorbimento intestinale/renale di Ca^{2+} (alza calcemia)
Calcitonina	Cellule C della tiroide	Ossa, intestino e rene	Stimola deposizione di matrice ossea e inibisce assorbimento di Ca^{2+} intestinale/renale (abbassa calcemia)

N.B. Gli ormoni peptidici sono idrofili e hanno il recettore a livello della membrana nucleare, mentre gli steroidi sono idrofobi e hanno il recettore nucleare/citoplasmatico (quelli riportati in tabella sono tutti peptidici tranne l'aldosterone).

La **midollare** del surrene produce altri ormoni derivati dagli amminoacidi: le **catecolamine** (adrenalina, noradrenalina) che fungono da neurotrasmettitori.

MNEMOFRASE TB

Controllo della calcemia
"**-one**" suffisso accrescitivo, "**-ina**" suffisso diminutivo
→ paratorm**one** alza, calciton**ina** abbassa

8.6 APPARATO GENITALE FEMMINILE

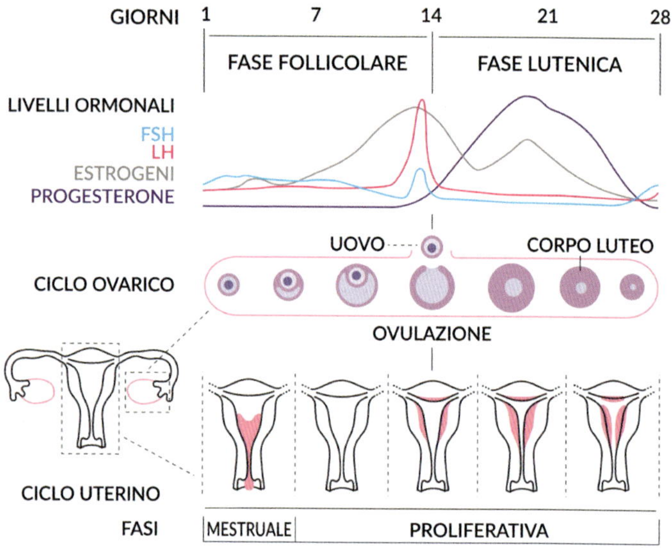

ATTENZIONE PER IL TEST

Durata: **28 giorni**
Ciclo ovarico → **ovulazione**
Ciclo uterino → **mestruazione**

8.7 APPARATO GENITALE MASCHILE

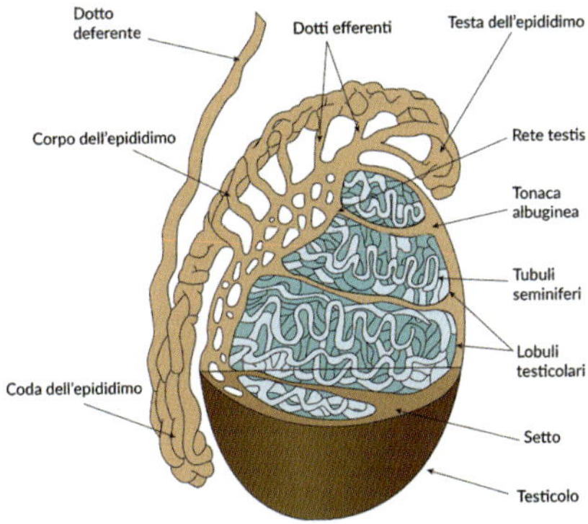

Percorso degli spermatozoi:

Tubuli seminiferi
↓
Rete testis
↓
Epididimo
↓
Dotto deferente
↓
Dotto eiaculatore
↓
Uretra prostatica

ESERCIZIO GUIDATO

Quale delle seguenti affermazioni sull'apparato genitale maschile è corretta?

A. Le vescichette seminali contengono l'epididimo
B. Dalle cellule del Sertoli parte la spermatogenesi
C. L'epididimo è un tubulo che permette la maturazione degli spermatozoi
D. Le cellule di Leydig producono l'ormone follicolo stimolante
E. I tubuli seminiferi sono costituiti solo dalle cellule del Sertoli

Le vescichette seminali secernono un fluido viscoso ricco di fruttosio che costituisce circa il 60% del liquido seminale e che rappresenta la fonte energetica degli spermatozoi. Le cellule del Sertoli sono cellule di sostegno che hanno la funzione di guidare la spermatogenesi. Le cellule di Leydig sono adibite alla secrezione di testosterone sotto stimolo dell'ormone LH. I tubuli seminiferi sono adibiti alla spermatogenesi, sono costituiti dall'epitelio seminifero, a sua volta formato dalle cellule del Sertoli e dalle cellule germinali. L'epididimo è un condotto che si trova sopra il testicolo e collega i dotti efferenti ai dotti deferenti; questo organo tubulare è adibito alla maturazione degli spermatozoi.
Risposta corretta C.

8.8 SISTEMA NERVOSO

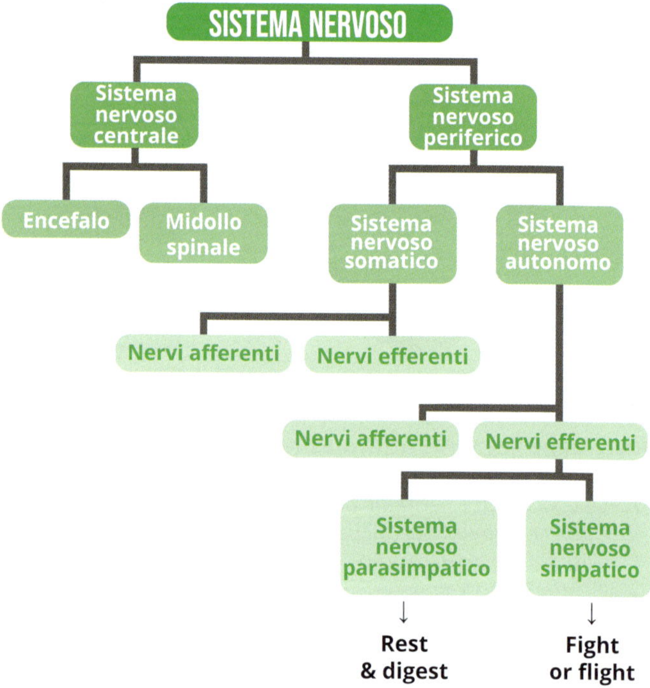

	Effetti ortosimpatico (simpatico)	Effetti parasimpatico
Cuore	Aumento frequenza cardiaca	Diminuzione frequenza cardiaca (nervo vago)
Vasi sanguigni periferici	Vasocostrizione (aumento della pressione)	Vasodilatazione (diminuzione della pressione)
Apparato respiratorio	Broncodilatazione (aumenta la richiesta di ossigeno per la "fuga")	Broncocostrizione
Occhio	Midriasi (dilatazione pupilla)	Miosi (costrizione pupilla)
Apparato digerente	Inibizione motilità intestinale e digestione	Stimolazione motilità intestinale e digestione
Apparato digerente maschile	Eiaculazione	Erezione

8.9 APPARATO LOCOMOTORE

Ossa lunghe	Ossa corte	Ossa piatte
Due estremità di osso spugnoso (epifisi) e parte centrale di osso compatto (diafisi), prevale lunghezza	Prevalentemente spugnoso, senza dimensione prevalente	Diploe centrale avvolta da due tavolati di osso compatto, prevale larghezza
Omero, femore	Vertebre, calcagno	Ossa craniche, sterno, coste, ossa pelviche

Articolazioni fisse (sinartrosi)	Articolazioni semimobili	Articolazioni mobili (diartrosi)
Mobilità assente	Mobilità è limitata	Mobilità è massima, estremità rivestite da cartilagine ialina e contenute nella capsula articolare
Suture del cranio	Sinfisi (pubica e intervertebrale)	Spalla, ginocchio

8.10 SENSI

VISTA

- **Coni** → permettono la visione a colori
- **Bastoncelli** → permettono la visione notturna

UDITO

- **Orecchio esterno** → padiglione auricolare
- **Orecchio medio** → martello, incudine, staffa
- **Orecchio interno** → coclea (percezione del suono)

N.B. All'interno dell'orecchio interno sono presenti anche gli organi deputati al mantenimento dell'**equilibrio**: utricolo, sacculo e canali semicircolari.

ESERCIZIO GUIDATO

Robertino sta scalando una montagna e ad un certo punto appare un orso; quale delle seguenti risposte del sistema nervoso autonomo si notano?

A. Diminuisce la peristalsi intestinale
B. Miosi
C. Vasodilatazione
D. Broncocostrizione
E. Diminuisce la secrezione di catecolamine

Il sistema nervoso autonomo a livello dei nervi efferenti si suddivide in simpatico e parasimpatico, che rispondono rispettivamente a risposte di combattimento o fuga e riposo o digestione. Nella situazione descritta dal quesito, si dovrà attivare la risposta simpatica: tachicardia, broncodilatazione, midriasi, aumento della secrezione di catecolamine e diminuzione della peristalsi intestinale sono degli esempi di effetti del sistema nervoso ortosimpatico.
Risposta corretta A.

9. IMMUNOLOGIA

Con il progredire delle conoscenze scientifiche, l'immunologia è stata protagonista in questi anni di un'immensa espansione culturale, che si è riflessa anche in una sempre maggiore rappresentazione in termini percentuali tra i quesiti della sezione di biologia.
Abbiamo ritenuto giusto dedicarle un capitolo a sé, indipendente da Anatomia e Fisiologia, per analizzare il sistema linfatico, le cellule di cui esso si compone e i meccanismi con cui queste difendono il nostro organismo da agenti infettivi e tumori!

9.1 ORGANI LINFOIDI

Organi linfoidi primari	**Midollo osseo rosso:** • Coinvolto nell'emopoiesi • Presente nelle trabecole epifisarie delle ossa lunghe o nella diploe delle ossa piatte
	Timo: • Coinvolto nella maturazione dei linfociti T • Va incontro a degenerazione adiposa in seguito alla pubertà
Organi linfoidi secondari	**Milza:** • Costituita da polpa bianca e polpa rossa (emocateresi) • Filtrazione ematica
	Linfonodi: • Disposti a formare catene linfonodali • Costituiti da una zona corticale, paracorticale e midollare • Filtrazione linfatica

MNEMOTECNICA TB

TI Mordi **l'OSSO**

→ Timo - Midollo Osseo

9.2 CELLULE DELL'IMMUNITÀ

Le cellule staminali emopoietiche multipotenti si differenziano in:

- **Cellule della linea linfoide**
  - Linfociti T (helper e citotossici)
  - Linfociti B
  - Linfociti NK

- **Cellule della linea mieloide**
  - Granulociti
  - Macrofagi
  - Piastrine
  - Eritrociti

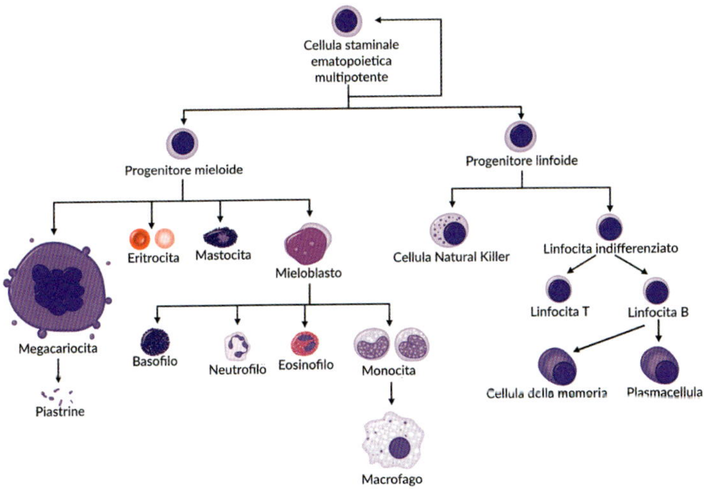

9.3 CELLULE DELLA LINEA LINFOIDE

	Origine	Maturazione	Caratteristiche
Linfociti B	Midollo osseo	Midollo osseo, organi linfoidi secondari (follicoli linfatici)	Differenziamento in plasmacellule e produzione di anticorpi specifici
Linfociti T helper	Midollo osseo	Timo	Secrezione di citochine e coordinamento della risposta immunitaria
Linfociti T citotossici	Midollo osseo	Timo	Presentano granuli contenenti enzimi litici
Linfociti NK	Midollo osseo	Organi linfoidi primari e secondari	Azione non mediata da molecole MHC

NB: Non tutte le Cellule hanno la stessa durata media di vita:

Linfociti → da pochi giorni fino ad anni (cellule di memoria)
Enterociti e Cheratinociti → 7 giorni circa e 20 giorni circa
Eritrociti → 120 giorni circa
Neuroni e Fibrocellule → Perenni

9.4 CELLULE DELLA LINEA MIELOIDE

- **Granulociti**:
  - **Neutrofili** → cellule fagocitarie, le prime a intervenire contro i **batteri**
  - **Eosinofili** → intervengono contro **parassiti** e nelle **reazioni allergiche**
  - **Basofili** → intervengono nelle **reazioni allergiche**
- **Monociti**: sono cellule **circolanti** che, in seguito a stimoli, abbandonano i vasi per distribuirsi ai **tessuti**, dove si differenziano in **macrofagi**
- **Cellule dendritiche**: derivano dai monociti e sono **stabili nei tessuti**, si occupano di riconoscere gli agenti patogeni, fagocitarli ed esporne gli antigeni sulla propria superficie (**APC**, cellule presentanti l'antigene)

APC
- APC = *Antigen Presenting Cells*
- Cellule del **sistema immunitario** che esprimono sia **MHCI** che **MHCII**
- Sono tre:
  - **Linfociti B** (attivati)
  - **Cellule dendritiche**
  - **Macrofagi**
- Sono fondamentali nell'attivazione dei linfociti T *naïve* (linfociti che non hanno ancora incontrato l'antigene) che così possono passare allo stato di linfociti T *effettori*.

TASCHE MHC

MHC = complessi maggiori di istocompatibilità (HLA nell'uomo)
- Tutte le cellule tranne gli eritrociti presentano sulla propria superficie queste **proteine** con conformazione a tasca
- Ne esistono due tipi: MHC di classe I e MHC di classe II

MHC DI CLASSE I

- Presenti in tutte le cellule **nucleate**
- Accolgono peptidi derivanti da strutture intracellulari (antigeni **self**) e patogeni intracellulari (non self)
- Attivano i **linfociti T CD8+** (citotossici)

MHC DI CLASSE II

- Presenti nelle cellule **APC**
- Accolgono peptidi derivanti da agenti patogeni extracellulari (antigeni **non-self**)
- Attivano i **linfociti T CD4+** (helper)

PRESENTAZIONE ANTIGENE MEDIATA DA MHC

- Avviene nei **LINFONODI**
- Le APC presentano l'antigene all'interno delle loro tasche MHC
- Le cellule **T CD8+** riconoscono **MHC I** e sono attivi principalmente contro patogeni intracellulari (virus)
- Le cellule **B CD4+** riconoscono **MHC II** e sono attivi principalmente contro patogeni extracellulari (batteri e funghi)

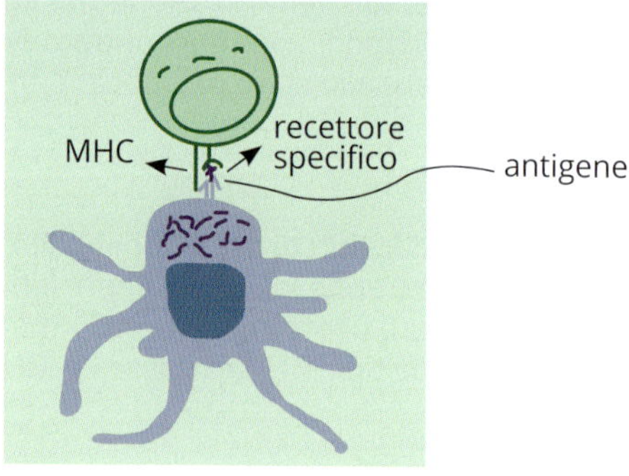

9.5 IMMUNITÀ UMORALE VS CELLULO-MEDIATA

Immunità umorale	Immunità cellulo-mediata
Azione **indiretta**	Azione **diretta**
Meccanismi di difesa **non cellulari**	Meccanismi di difesa **cellulari** (fagocitosi)
Presente nel **sangue** (anticorpi e complemento) e **fluidi** come la saliva (lisozima, IgA sieriche)	**Attacco Enzimatico** (linfociti T citotossici e NK)

9.6 IMMUNITÀ INNATA VS ADATTIVA

Immunità innata	Immunità adattativa
Veloce	Lenta
Aspecifica	Specifica
Non inducibile	Inducibile
Senza memoria immunologica	Creazione di memoria immunologica

9.7 MECCANISMI DI DIFESA

Tipo di difesa	Descrizione	Velocità d'azione	Specificità
Difese superficiali	Barriere di tipo fisico: • **Cute** • **Mucose**		
	Barriere di tipo chimico: • **Lisozima** • Acido **cloridrico** • Anticorpi di tipo **A**		
S.I. Innato	Difese umorali: • Sistema del **comple-mento** • **Lisozima** della saliva		
	Difese cellulo-mediate: • Granulociti • Macrofagi • Linfociti NK • Cellule dendritiche		
S.I. Adattativo	Difese umorali: • **Anticorpi** e plasmacellule		
	Difese cellulo-mediate: • Linfociti T: o Naive o Helper o Regolatori o Citotossici		

ESERCIZIO GUIDATO

In caso di infezione ad opera di un batterio intracellulare, quale delle seguenti cellule viene attivata per prima?

A. Neutrofili
B. Eosinofili
C. Linfociti NK
D. Linfociti T
E. Linfociti B

Quando parliamo di infezione batterica dobbiamo capire se si tratta di un patogeno intra- o extra-cellulare.
In caso di **batterio extracellulare**. il primo sistema che viene attivato è quello del complemento, seguito da neutrofili e macrofagi, che provvederanno alla fagocitosi del patogeno. Successivamente si attiverà la risposta adattativa, soprattutto quella umorale: i linfociti B si trasformano in plasmacellule e cominciano a produrre anticorpi per l'opsonizzazione del microbo.
Se invece si tratta di un **batterio intracellulare**, allora si attiverà la risposta antivirale (possiamo infatti paragonare questi patogeni a dei virus). infatti in questo caso la risposta immunitaria sarà mediata soprattutto dai linfociti NK e poi dalla risposta cellulo-mediata grazie ai linfociti T.
Risposta corretta A.

! ATTENZIONE PER IL TEST

A seconda del patogeno, si attiveranno delle cellule specifiche:

- **Batteri** → Neutrofili
- **Virus e Tumori** → Linfociti NK
- **Parassiti e Allergeni** → Eosinofili

a queste, poi, si aggiungono le cellule della risposta adattativa

9.8 ANTICORPI

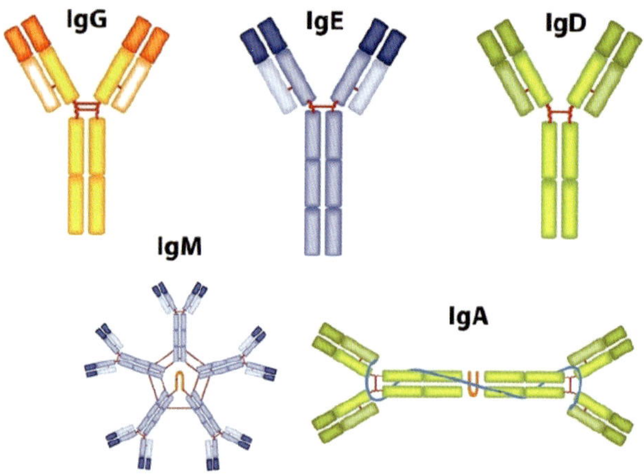

- **IgG**: le più numerose in circolo, combattono virus e batteri; oltrepassano la placenta
- **IgA**: dimeriche, secrete dalle mucose degli organi cavi
- **IgM**: pentameriche, le prime ad essere prodotte dalle plasmacellule
- **IgE**: mediano le reazioni allergiche legandosi a mastociti e basofili; sono anche coinvolte nella risposta contro i parassiti
- **IgD**: molto rare con ruolo non ancora chiarito

MNEMOFRASE TB

Per ricordare le Ig in ordine decrescente
di concentrazione ematica:
G A M E D

ATTENZIONE PER IL TEST

RISPOSTA IMMUNITARIA

- **Risposta immunitaria primaria**:
  - Si ha quando un patogeno penetra per la **prima volta** nell'organismo
  - Richiede circa 2-3 settimane
- **Risposta immunitaria secondaria**:
  - Quando si ripresenta un patogeno già "**conosciuto**" nell'organismo
  - Intervengono le cellule **B** e **T** della **memoria**
  - Azione molto più **rapida**, di poche ore
  - Risposta molto più **intensa**

ESERCIZIO GUIDATO

In un neonato, quali anticorpi troveremo per primi?

A. IgA
B. IgD
C. IgE
D. IgG
E. IgM

Quando veniamo al mondo, non siamo del tutto sprovvisti di anticorpi, sebbene non abbiamo ancora incontrato alcun tipo di patogeno. Già alla nascita, infatti, il bambino possiede le IgG materne, gli unici anticorpi in grado di attraversare la placenta. Successivamente, con l'allattamento, riceverà anche le IgA, presenti nelle secrezioni e, in particolare, nel latte materno. Tutti gli altri, il bambino le svilupperà nel corso della vita, mano a mano che incotrerà un patogeno.
Risposta corretta D.

9.9 IMMUNITÀ ATTIVA VS PASSIVA

Immunità attiva		Immunità passiva	
Naturale	**Artificiale**	**Naturale**	**Artificiale**
Si contrae l'infezione per un contatto casuale con l'antigene	Si viene a contatto con l'antigene tramite un vaccino	Es: immunità acquisita dai neonati grazie agli anticorpi del latte materno	Es: iniezione di Ig antitetaniche in soggetti con ferite particolarmente estese

ATTENZIONE PER IL TEST

IL VACCINO

Il **vaccino** è un'iniezione di **antigeni** sotto forma di:

- Patogeni **attenuati** artificialmente (quindi incapaci di causare malattie)
- Patogeni **uccisi** (per esempio con il calore)
- **Frammenti** di patogeni
- **Tossine** modificate
- **mRNA**

In questo modo, viene attivata una risposta primaria con conseguente immunizzazione **senza** il manifestarsi della malattia

9.10 ERRORI DEL SISTEMA IMMUNITARIO

- **Malattie autoimmuni**:
  - Il S.I. **adattativo** risponde contro **antigeni self**
  - Es:
    - Artrite reumatoide: produzione di **auto-anticorpi**, infiammazione e dolore a livello articolare
    - Diabete mellito di tipo I: anticorpi contro **cellule β pancreatiche**
    - Ipotiroidismo di Hashimoto: anticorpi contro **cellule della tiroide**
    - LES, lupus eritematoso sistemico

- **Reazioni allergiche**:
  - Il S.I. **adattativo** risponde contro **antigeni non-self** normalmente **innocui**
  - Vengono prodotte **IgE** che legano i mastociti dei tessuti connettivi, che rilasciano **istamina**

INFEZIONE DA HIV: l'AIDS

HIV è un **retrovirus**, responsabile dell'AIDS
Trasmissione: fluidi corporei (rapporti sessuali, trasfusioni...)
Periodo di incubazione: 8-10 anni
il virus attacca soprattutto i **linfociti T helper (CD4+)**, fondamentali nel regolare la risposta immunitaria; ecco perché, quando il loro numero si riduce, il SI diventa inefficiente. Si arriva così ad **AIDS conclamato**, in cui il paziente è vulnerabile ad **infezioni opportunistiche**, anche mortali.

10. EVOLUZIONE E TASSONOMIA

Il capitolo Evoluzione & Tassonomia, trattato integralmente, meriterebbe un'intera biblioteca, ed è a tutti gli effetti parte del programma dei test. In questi anni, è stato poco rappresentato in termini numerici nel test di Medicina & Odontoiatria mentre ha rivestito un ruolo più importante per Veterinaria e Professioni Sanitarie. Da quest'anno abbiamo deciso di integrare i nostri corsi di Medicina e Veterinaria con questo nuovo capitolo, fornendo le basi per uno studio efficace e mirato dei punti più importanti di queste discipline.

10.1 EVOLUZIONE

Confronto Lamarck - Darwin

Lamarck	Darwin
Legge dell'uso e del non uso: i cambiamenti genetici avvengono in risposta a determinati bisogni	I cambiamenti genetici avvengono casualmente
Variazioni verso adattamenti favorevoli	Le variazioni sono casuali
L'ambiente ha un ruolo diretto	L'ambiente agisce in modo indiretto
Legge dell'ereditarietà dei caratteri acquisiti: le mutazioni somatiche vengono trasmesse alla prole	I cambiamenti somatici accumulati non sono trasmissibili alla progenie

STRUTTURE OMOLOGHE E ANALOGHE

- **Strutture omologhe** → Stessa origine embriologica, ma- possono avere funzioni diverse.
  Esempio: pinna anteriore del delfino - arto anteriore del cane
- **Strutture analoghe** → Stessa funzione ma diversa origine embriologica.
  Esempio: Ala della mosca - ala dell'aquila

Legge di Hardy-Weinberg

Modello di genetica di popolazione che postula che all'interno di una popolazione vi sia un equilibrio delle frequenze alleliche e genotipiche da una generazione all'altra, La somma delle frequenze alleliche deve essere pari al 100%.

- p = frequenza dell'allele dominante
- q = frequenza dell'allele recessivo

  Ne deriva che → $p + q = 1$
  Con corredo diploide → $(p + q)^2 = 1^2$

  $p^2 + 2pq + q^2 = 1$
- p^2 → frequenza del genotipo omozigote dominante
- $2pq$ → frequenza del genotipo eterozigote
- q^2 → frequenza del genotipo omozigote recessivo

  Considerazioni finali:
- Le frequenze alleliche nella popolazione presa in esame rimangono costanti
- Le relative frequenze dei diversi genotipi rimangono le stesse anche dopo la prima generazione

A patto che siano soddisfatte 5 condizioni:

1. Popolazione praticamente infinita o comunque molto grande;
2. Assenza di migrazioni;
3. Panmissia → incrocio casuale tra individui, non influenzato dal fenotipo;
4. Non selezione → tutti gli alleli devono avere la stessa probabilità di essere trasmessi alla prole;
5. Assenza di mutazioni nella popolazione.

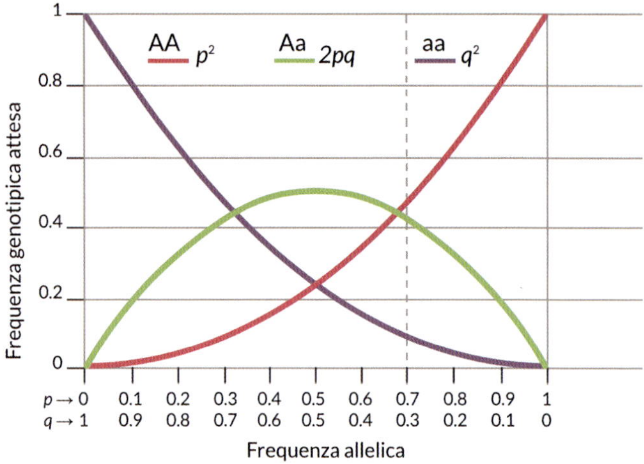

Le **frequenze allelich**e sono ottenibili anche dalle frequenze genotipiche con opportuni accorgimenti:

- in individui omozigoti sono conteggiate per intero
- in individui eterozigoti sono conteggiate per metà

La frequenza di un allele è data dalla somma della frequenza degli individui omozigoti per quel determinato allele più la metà della frequenza degli individui eterozigoti per lo stesso allele.

Fattori evolutivi o limitanti l'evoluzione

Mutazione	Cambiamenti ereditari del genotipo derivanti da errori, mutageni, ecc.
Flusso genico	Ingresso o uscita di alleli dal gruppo per migrazione
Deriva genetica	Evento casuale che riduce la popolazione causando la perdita anche di pool genici. • **Effetto del fondatore** → popolazioni che originano a partire da un piccolo gruppo isolato (Es. *Amish*) • **Effetto collo di bottiglia** → cause esterne provocano una riduzione della popolazione e di conseguenza la variabilità genetica cala
Accoppiamento assortativo	Accoppiamento non casuale per scelta del partner

Selezione naturale

- Conservazione delle variazioni genetiche favorevoli alla sopravvivenza dell'individuo ed eliminazione di quelle sfavorevoli
- L'intensità della selezione naturale si misura mediante la fitness (= *successo riproduttivo*)

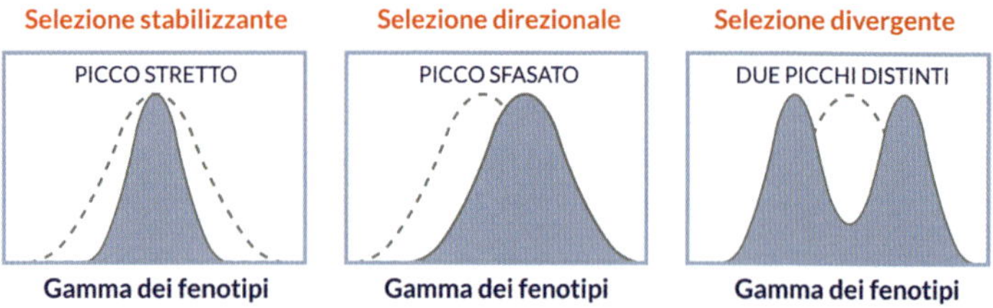

- **Selezione stabilizzante**: presente in tutte le popolazioni, tende a mantenere una caratteristica uniforme, portando all'eliminazione dei caratteri estremi (un esempio è il peso dei bambini alla nascita)
- **Selezione direzionale**: aumenta la proporzione di individui con un fenotipo estremo (di solito quando una popolazione affronta condizioni ambientali estreme, ad esempio la resistenza degli insetti agli insetticidi).
- **Selezione divergente**: elimina le forme intermedie, favorendo la formazione di due varianti fenotipiche.

Speciazione

Fenomeno risultante dalla selezione naturale e/o dalla deriva genetica: porta alla nascita di una nuova specie.
Specie → gruppo di individui che, incrociandosi, dà origine a prole fertile.

- Allopatrica
- Peripatrica
- Parapatrica
- Simpatrica

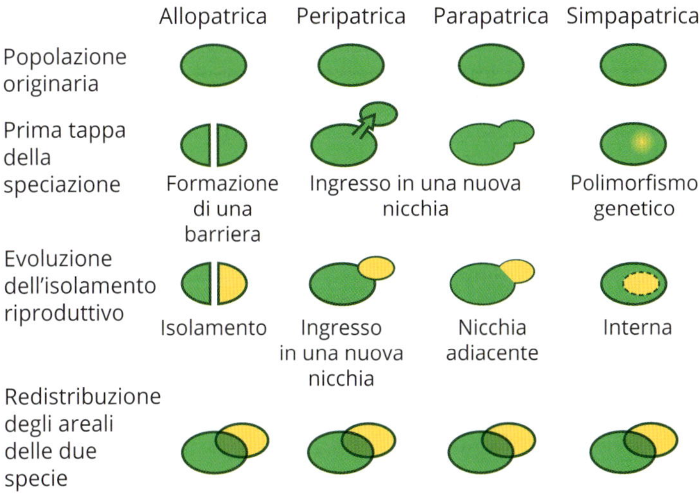

La **speciazione allopatrica**, detta anche speciazione geografica o speciazione vicariante, prevede l'esistenza di barriere geografiche naturali o artificiali tra due popolazioni della stessa specie che vengono così a trovarsi in condizioni di isolamento. Le circostanze ambientali causano cambiamenti genetici tali da indurre la neo-specie a non incrociarsi più con la popolazione di origine interrompendo, di fatto, il flusso genico. L'esempio tipico è quello dei "**fringuelli di Darwin**" delle isole Galapagos; lo studio permise di capire che le specie che competono per le stesse risorse alimentari tendono a divergere in modo tale da ridurre la concorrenza. Spinta dalla selezione naturale, la nuova specie ha maturato cambiamenti stabili nella dimensione e nella forma del becco e della specializzazione della propria dieta.
→ le specie non presentano sovrapposizione degli areali

La **speciazione peripatrica** è definita anche speciazione "**per effetto del fondatore**" e avviene quando un ristretto numero di individui definisce una popolazione al limite della specie di origine. La somiglianza con la speciazione allopatrica è evidente in quanto le popolazioni risultano isolate anche in questo caso ma una peculiarità della speciazione peripatrica è che una delle

due popolazioni sia più ristretta dell'altra. La dimensione della popolazione è importante, in quanto statisticamente è molto più probabile che gli individui che colonizzano il nuovo ambiente abbiano un quantitativo esiguo della variazione genetica della popolazione originale, determinando una promozione della divergenza delle due popolazioni.
→ specie che presentano areali adiacenti ma non sovrapposti

La **speciazione parapatrica** o stasipatrica prevede la nascita di una divergenza all'interno di due **popolazioni** che **non** sono **totalmente isolate geograficamente** ma mantengono un punto di contatto pur mantenendosi limitate le migrazioni. Può essere dovuta ad una dispersione ineguale o alla presenza di barriere geografiche incomplete che portano alla formazione di zone ibride di incrocio tra le due popolazioni.
→ specie che presentano una parziale e marginale sovrapposizione degli areali

La **speciazione simpatrica** avviene quando le due popolazioni non sono isolate geograficamente e per motivi che non dipendono da fattori spaziali, una parte della popolazione diverge tramite l'acquisizione di peculiarità genetiche. Specie simpatriche sono dette **taxa**, possono indifferentemente incrociarsi o meno. All'interno di questa categoria rientra la sintopia, un caso speciale di simpatria in cui due specie simili coesistono nello stesso habitat senza competere tra di loro.
→ specie che occupano una stessa area geografica o che presentano almeno una parziale sovrapposizione dell'areale

NB: per **areale** si intende un'area di distribuzione occupata da un taxon, ossia un'unità tassonomica costituita da un gruppo di organismi morfologicamente distinguibile degli altri.
I **taxa** che occupano vaste aree geografiche vengono detti **cosmopoliti**, quelli che occupano areali ristretti si dicono **endemici**.
La scienza che definisce i taxa è appunto la **Tassonomia**.

10.2 TASSONOMIA

CLASSIFICAZIONE DEI VIVENTI

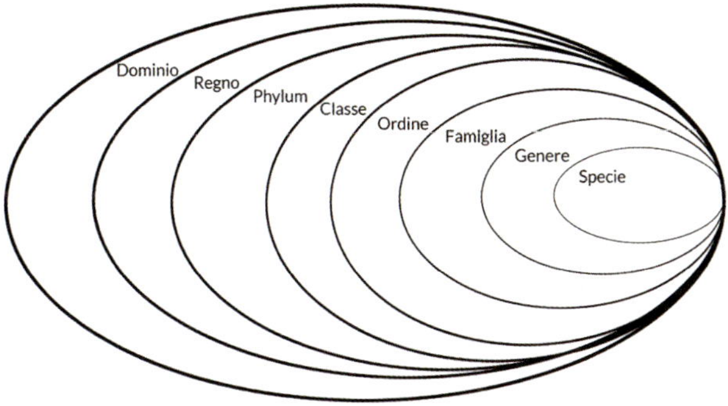

MNEMOTECNICA TB

Da**RE F**uoco **C**on **ORD**igni **FA GENER**are **SP**avento

Esempio di Classificazione: Uomo

Dominio *Eukarya*
Regno *Animalia*
Phylum *Chordata*
Classe *Mammalia*
Ordine *Primates*
Famiglia *Hominidae*
Genere *Homo*
Specie *H. Sapiens*

Cinque Regni

Regno	Tipo cellulare	Organizzazione cellulare
Monere	Procarioti	Unicellulari o coloniali
Protisti	Eucarioti	Unicellulari, coloniali o pluricellulari
Funghi	Eucarioti	Pluricellulari filamentosi
Piante	Eucarioti	Pluricellulari
Animali	Eucarioti	Pluricellulari

Nutrimento	Riproduzione	Esempi
Autotrofi ed eterotrofi	Asessuata (scissione binaria)	Batteri, cianobatteri
Autotrofi ed eterotrofi	Asessuata o sessuata	Amebe, alghe
Eterotrofi	Asessuata o sessuata	Funghi, lieviti e muffe
Autotrofi fotosintetici	Asessuata o sessuata	Muschi, piante a seme, piante a fiori
Eterotrofi	Generalmente sessuata	Mammiferi, molluschi, uccelli, insetti

10.3 CENNI DI ANATOMIA E FISIOLOGIA COMPARATA

ALIMENTAZIONE E APPARATO DIGERENTE

Organismi	Esempi	Apparato digerente	Elementi anatomici
Unicellulari	Amebe, parameci	Digestione intracellulare	• Apparato buccale rudimentale (citostoma) o fagocitosi • Vacuoli digestivi con enzimi • Espulsione tramite membrana
Pluricellulari	Celenterati, cnidari	A una apertura	• Bocca = ano • Cavità gastrovascolare che permette lo scambio di nutrienti e di scarti da e verso le cellule, dove avviene la vera e propria digestione
	Vertebrati, insetti	A due aperture	• Bocca • Tubo digerente con organi specializzati • Ano

FOCUS: APPARATO DIGERENTE DI ALCUNI VERTEBRATI

Animali	Elementi anatomici	Esempi
Uccelli	• Gozzo o ingluvie → sacca di accumulo del cibo ingerito • Ventriglio → stomaco muscolare • Cloaca → sfintere da cui esce il guano	Aquila, fenicottero, piccione
Mammiferi - *Ruminanti*	• 3 prestomaci: rumine, reticolo, omaso → contengono microrganismi in grado di digerire la fibra • 1 stomaco ghiandolare: abomaso	Bovini, ovini, caprini
Mammiferi - *Erbivori monogastrici*	• Cieco e colon molto sviluppati → contengono microrganismi che digeriscono la fibra	Equini, conigli

MNEMOTECNICA TB

RUMINare **RE**nde gli uo**M**ini **ABOM**inevoli
Rumine - Reticolo - Omaso - Abomaso

APPARATO RESPIRATORIO

Animali	Respirazione	Elementi anatomici
Anellidi	Respirazione cutanea	• Capillare dorsale e ventrale • Scambio di gas attraverso la cute
Insetti e aracnidi	Sistema respiratorio "ad albero"	• Stigmi • Trachee • Tracheole
Pesci	Respirazione branchiale	• Archi branchiali • Filamenti branchiali vascolarizzati
Rettili, mammiferi e uccelli	Respirazione polmonare	• Albero bronchiale • Polmoni

ELIMINAZIONE SOSTANZE DI SCARTO

Invertebrati	Struttura
Platelminti	Cellule e fiamma
Anellidi	Nefridi
Insetti e aracnidi	Tubuli di malpighi
Vertebrati	**Struttura**
Tutti	Reni (con nefroni)

APPARATO CARDIOCIRCOLATORIO

Sistema aperto		L'emolinfa esce dal vaso dorsale, viene spinta nelle lacune intorno agli organi dove avvengono gli scambi, poi rientra tramite gli ostii	Insetti, crostacei, molluschi
Sistema chiuso	**Rudimentale**	Vaso dorsale e vaso ventrale Circolazione unidirezionale	Anellidi
	Semplice	Cuore riceve e pompa solo sangue deossigenato	Pesci
	Doppio incompleto	Non si ha separazione del cuore di sinistra e del cuore di destra	Anfibi e alcuni rettili
	Doppio completo	Circolazione polmonare separata da quella sistemica	Uccelli e mammiferi

APPARATO MUSCOLO - SCHELETRICO

Esoscheletro	Endoscheletro
• Nei molluschi → carbonato di calcio • Negli artropodi → chitina	Cristalli di idrossiapatite
Soggetto a fase di muta	Non soggetto a fase di muta
Funzione → protettiva e di sostegno	Funzione → sostegno
Inserzione dei muscoli interna	Inserzione dei muscoli esterna

NOTE

NOTE

TESTBUSTERS

STUDENTI PER GLI STUDENTI

Si ringraziano tutti i membri Testbusters per aver contribuito alla creazione di questo libro.

Finito di stampare
nel mese di luglio 2022